高等职业学校电类专业

电子技术基础（第二版）习题册

李仁芝　主编

中国劳动社会保障出版社

简　　介

本习题册为高等职业学校电类专业教材《电子技术基础（第二版）》的配套用书。本习题册内容紧扣教学要求，知识点分布均衡，题型丰富多样，习题难易适中，有助于学生复习巩固所学知识。

本习题册由李仁芝任主编，王晓勇任副主编，胡捷、丁淋淋、蒙代领、王栋平参加编写。

图书在版编目(CIP)数据

电子技术基础（第二版）习题册 / 李仁芝主编.
北京：中国劳动社会保障出版社，2024. --(高等职业学校电类专业). --ISBN 978-7-5167-6715-3

Ⅰ. TN-44

中国国家版本馆 CIP 数据核字第 2024TL0123 号

中国劳动社会保障出版社出版发行

（北京市惠新东街 1 号　邮政编码：100029）

*

北京昌联印刷有限公司印刷装订　　新华书店经销

787 毫米×1092 毫米　16 开本　4.25 印张　93 千字

2024 年 11 月第 1 版　　2024 年 11 月第 1 次印刷

定价：10.00 元

营销中心电话：400-606-6496

出版社网址：https://www.class.com.cn

https://jg.class.com.cn

目录

课题一　直流稳压电源的装配与调试

任务1　半导体二极管的识别、检测与选用

一、填空题（将正确的答案填写在横线上）

1. 物质按导电能力强弱的不同分为______、________和________三大类。

2. N型半导体的多数载流子是带____电的自由电子，P型半导体的多数载流子是带____电的空穴。

3. 二极管实质上就是一个PN结，由P区引出的电极称为____极或____极，由N区引出的电极称为____极或____极。

4. PN结具有______导电性，PN结正偏时，P区接电源的____极，N区接电源的____极；PN结反偏时，P区接电源的____极，N区接电源的____极。PN结正偏时，二极管______；PN结反偏时，二极管______。

二、判断题（正确的在括号内打“√”，错误的在括号内打“×”）

1. 二极管外加正向电压一定会导通。（　　）

2. 二极管发生反向击穿就一定会损坏。（　　）

3. 硅二极管的死区电压通常为0.5 V。（　　）

4. 当反向电压小于反向击穿电压时，二极管的反向电流很小；当反向电压大于反向击穿电压时，其反向电流迅速增大。（　　）

5. PN结正向偏置时电阻大，反向偏置时电阻小。（　　）

6. 二极管是线性元件。（　　）

7. 二极管外加反向电压一定截止。（　　）

8. 二极管导通后，正向电压的微小增加会引起正向电流的急剧增大。（　　）

三、选择题（将正确答案的序号填入括号中）

1. 选择二极管时，二极管的最大整流电流 I_{FM} 应（　　）。

A. 小于负载电流　　B. 大于负载电流

C. 随意选择　　D. 等于负载电流

2. 二极管导通后其管压降（　　）。

A. 基本不变　　B. 随外加电压的增大而增大

C. 随外加电压的增大而减小　　D. 为 0

3. 二极管导通时相当于一个（　　）。

A. 可变电阻　　B. 闭合的开关

C. 断开的开关　　D. 阻值非常大的电阻

4. 发光二极管工作时，应加（　　）。

A. 正向电压　　B. 反向电压

C. 正向或反向电压　　D. 无法确定

5. 测量二极管正向电阻时，若两只手同时触及二极管的两引脚，测量结果会（　　）。

A. 偏大　　B. 偏小　　C. 准确　　D. 无法确定

6.（　　）二极管常用于指示电路。

A. 稳压　　B. 光敏　　C. 发光　　D. 变容

7. 把一个二极管直接同一个电动势为 3 V、内阻为 0 Ω 的电池正向连接，该二极管会（　　）。

A. 反向击穿　　B. 反向截止

C. 正向导通　　D. 因电流过大而烧坏

8. 图 1-1-1 中，二极管 V1、V2、V3 的状态分别为（　　）。

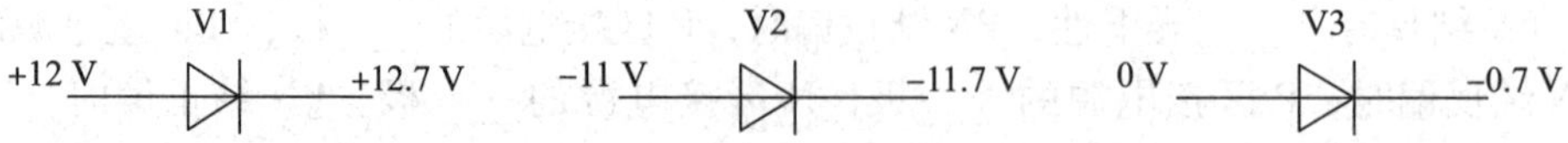

图 1-1-1

A. V1、V2 和 V3 均正偏　　B. V1 反偏，V2 和 V3 正偏

C. V1、V2 反偏，V3 正偏　　D. V1、V2 和 V3 均反偏

9. 锗二极管的死区电压通常为（　　）V。

A. 0.7　　B. 0.5　　C. 0.1　　D. 0.3

10. 用数字式万用表测量二极管两端电压时，若读数为 0.3 V，则该二极管为（　　）。

A. 锗管　　B. 硅管　　C. 锗管或硅管　　D. 无法确定

11. 用数字式万用表测量二极管两端电压时，若读数为 0.7 V，则该二极管为（　　）。

A. 锗管　　B. 硅管　　C. 锗管或硅管　　D. 无法确定

四、综合题

1. 写出以下二极管型号所表示的含义。

2CZ83：________________________________

2DK14：________________________________

2. 图 1-1-2 所示电路中，假设各二极管均为理想二极管，试判断各二极管的状态是导通还是截止？并求 U_{AO} 的值。

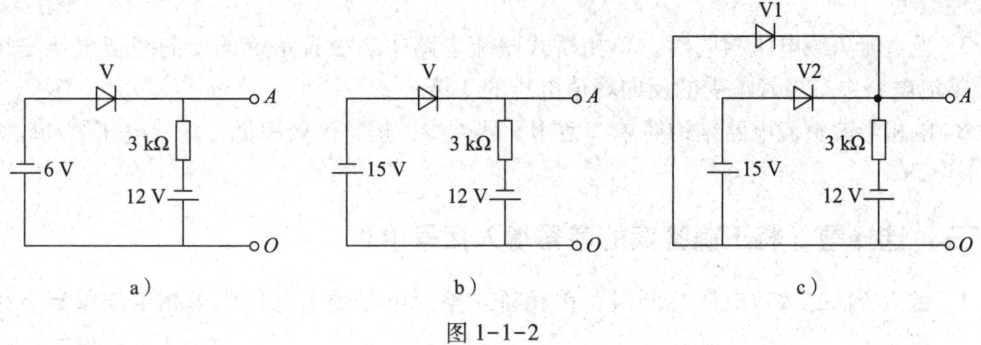

图 1-1-2

任务 2　单相整流电路的装配与调试

一、填空题（将正确的答案填写在横线上）

1. 整流电路是直流稳压电源的一部分，其作用是将______电转换成脉动的______电。

2. 整流电路的整流元器件是二极管，利用其______导电的特性来完成整流。

3. 单相半波整流电路需要____个二极管，单相桥式整流电路需要____个二极管。单相桥式整流电路中，每个时刻只有____个二极管导通。

4. 单相桥式整流电路中，整流二极管承受的反向峰值电压为变压器二次侧电压有效值的____倍。

二、判断题（正确的在括号内打“√”，错误的在括号内打“×”）

1. 单相半波整流电路中，通过整流二极管电流的平均值等于负载电流平均值。（　　）

2. 单相整流电路中，输出直流电压的大小与负载大小无关。（　　）

3. 单相桥式整流电路中，可以允许有一个二极管极性接反。（　　）

4. 单相半波整流电路中，只要把变压器二次绕阻的端钮对调，就能使输出直流电压的极性改变。（　　）

5. 当直流负载电压相同时，单相桥式整流电路中二极管承受的反向峰值电压是单相半波整流电路中二极管承受的反向峰值电压的 2 倍。（　　）

6. 单相半波整流电路结构简单，使用元器件少，但整流效率低，输出电压脉动较大。（　　）

三、选择题（将正确答案的序号填入括号中）

1. 当变压器二次侧电压相同时，单相桥式整流电路输出电压为单相半波整流电路的（　　）倍。

A. 2　　B. 3　　C. 4　　D. 5

2. 25 W 外热式电烙铁的阻值约为（　　）kΩ。

A. 0.5　　B. 1　　C. 2　　D. 4

3. 单相半波整流电路中，若变压器二次侧电压 $U_2=100$ V，则负载两端电压及二极管承受的反向峰值电压分别为（　　）。

A. 45 V 和 141 V　　B. 90 V 和 141 V

C. 90 V 和 282 V　　D. 45 V 和 282 V

4. 若单相桥式整流电路中有一个二极管断路，则该电路的输出电压与正常情况相比会（　　）。

A. 不变　　B. 升高　　C. 降低　　D. 无法确定

5. 单相桥式整流电路中，通过二极管的平均电流为负载电流的（　　）。

A. 1/4　　B. 1/2　　C. 2 倍　　D. 3 倍

6. 在输出电压平均值相等的情况下，若单相桥式整流电路中的二极管承受的反向峰值电压为 12 V，则单相半波整流电路中的二极管承受的反向峰值电压为（　　）V。

A. 12　　B. 6　　C. 24　　D. 8

四、综合题

1. 试将图 1-2-1 所示的电路板上的元器件接成单相桥式整流电路，要求接线简洁整齐。

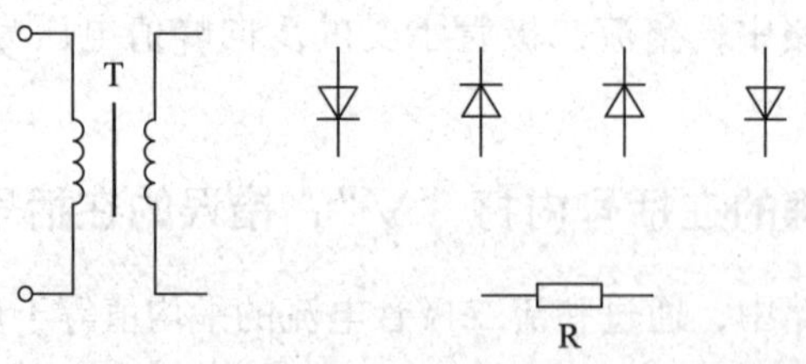

图 1-2-1

2. 单相半波整流电路中，变压器一次侧电压有效值 $U_1=220$ V，负载电阻 $R_L=100\ \Omega$，电源变压器的匝数比 $n=10$，试求整流输出电压的平均值 U_o。

3. 单相桥式整流电路中，要求输出直流电压的平均值为 25 V，输出直流电流的平均值为 2 A，试求二极管的平均电流和承受的反向峰值电压。

4. 简述手工焊接的基本条件。

5. 高质量的焊点应满足哪些技术要求？

任务3　滤波电路的装配与调试

一、填空题（将正确的答案填写在横线上）

1. 滤波电路是直流稳压电源的一部分，其作用是将整流输出的脉动直流电转换成较平滑的______电。

2. 小功率直流稳压电源常用的滤波电路有______滤波电路、______滤波电路以及______滤波电路等。

3. 滤波电路中，滤波电容与负载____联，滤波电感与负载____联。

4. 电容滤波是利用电路中电容不断________电使输出电压的脉动程度减小，从而实现滤波。负载电阻越____，电容滤波效果越好。

二、判断题（正确的在括号内打“√”，错误的在括号内打“×”）

1. 整流电路接入电容滤波后，输出的直流电压平均值降低。（　　）

2. 在单相整流电容滤波电路中，电容器的极性不能接反。（　　）

3. 单相桥式整流电路采用电容滤波后，每个二极管承受的反向峰值电压会减小。（　　）

4. 复式滤波电路输出的电压波形比一般滤波电路输出的电压波形更平直。（　　）

5. 单相桥式整流电容滤波电路中，输出电压的平均值与负载无关。（　　）

6. 电感滤波的实质是电感对交流成分呈现很大的阻抗，交流电流频率越高，感抗越大（对于某一固定电感而言）。（　　）

三、选择题（将正确答案的序号填入括号中）

1. 单相桥式整流电容滤波电路中，若负载电阻开路，则输出电压平均值为（　　）U_2。

A. 0.9　　B. 0.45　　C. 1.414　　D. 1

2. 单相半波整流电容滤波电路中，若负载电阻开路，则输出电压平均值为（　　）U_2。

A. 0.9　　B. 0.45　　C. 1.414　　D. 1

3. 单相半波整流电容滤波电路中，为了获得良好的滤波效果，一般取 $R_L C$ =（　　）T。

A. 3~5　　B. 5~7　　C. 30~50　　D. 50~70

4. 复式滤波电路中，整流输出电压中的交流成分绝大部分落在（　　）上。

A. 电容　　B. 电感　　C. 电阻　　D. 电源

5. 单相桥式整流电容滤波电路中，若要负载得到45 V的直流电压，变压器二次侧电压的有效值应为（　　）V。

A. 45　　B. 54　　C. 100　　D. 37.5

6. 单相半波整流电容滤波电路中，如果变压器二次侧电压有效值为 100 V，则负载电压约为（　　）V。

A. 90　　　　B. 100　　　　C. 120　　　　D. 130

四、综合题

1. 单相桥式整流电容滤波电路如图 1-3-1 所示，试回答以下问题：

（1）在桥臂上画出四个整流二极管，标出电容器 C 的正极。

（2）在电路满足 $R_L C=(3\sim5)T/2$ 的前提下，若要求输出电压为 24 V，则 u_2 的有效值应为多少？

（3）当电容器 C 开路或短路时，电路会产生什么后果？

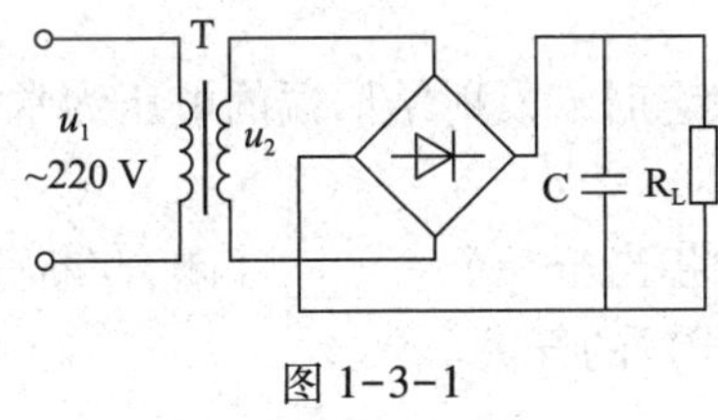

图 1-3-1

2. 简述电容器的插装焊接要求。

任务4　半导体三极管的识别、检测与选用

一、填空题（将正确的答案填写在横线上）

1. 三极管最主要的功能是起______放大和______作用。

2. 三极管是一个三层两结的半导体元器件，外部有三个电极。从三块半导体引出的三个电极分别为______极、____极和______极。

3. 因杂质半导体有 P 型和 N 型两种，所以三极管按排列方式有______型和______型两种。

4. 当三极管工作在放大状态时，发射结两端的电压为常数，硅管约为____V，锗管约为____V。

5. 三极管工作在饱和区时相当于一个______（闭合/断开）的开关，工作在截止区时相当于一个______（闭合/断开）的开关。

二、判断题（正确的在括号内打"√"，错误的在括号内打"×"）

1. 三极管内部由两个 PN 结组成。（　　）
2. 三极管的集电极和发射极可以互换使用。（　　）
3. NPN 型三极管和 PNP 型三极管的工作电压极性不同。（　　）
4. 当三极管的发射结正偏，集电结反偏时，三极管具有电流放大作用。（　　）
5. 当三极管工作在放大区时，其基极电流可以无限增大。（　　）
6. 当三极管工作在放大区时，集电极电流与集电极、发射极间的电压基本无关。（　　）
7. I_{CBO} 越大，三极管的温度稳定性越好。（　　）
8. 选择三极管时，要求 $P_{CM}<I_C U_{CE}$。（　　）

三、选择题（将正确答案的序号填入括号中）

1. 当 NPN 型三极管工作在放大区时，集电极电位（　　）。

A. 最高　　B. 居中　　C. 最低　　D. 无法确定

2. 通常规定 β 值下降到正常值的（　　）时的集电极电流为集电极最大允许电流。

A. 3/4　　B. 1/2　　C. 1/3　　D. 2/3

3. P_{CM} 的大小与环境温度有密切关系，当温度升高时，P_{CM}（　　）。

A. 增大　　B. 减小　　C. 不变　　D. 无法确定

4. 三极管三个电极电流之间的关系为（　　）。

A. $I_E=I_B+I_C$　　B. $I_E=I_B-I_C$

C. $I_C=I_E+I_B$　　D. $I_B=I_C+I_E$

5. 三极管的 I_{CEO} 越大，说明其（　　）。

A. 使用寿命越长　　B. 使用寿命越短

C. 温度稳定性越好　　D. 温度稳定性越差

6. 用万用表的电阻挡判断三极管三个引脚的方法是（　　）。

A. 先确定发射极，再确定集电极、基极和管型

B. 先确定集电极和管型，再确定基极和发射极

C. 先确定基极和管型，再确定集电极和发射极

D. 先确定发射极和管型，再确定基极和集电极

7. 满足 $I_C=\beta I_B$ 的关系时，三极管工作在（　　）。

A. 饱和区　　B. 放大区　　C. 截止区　　D. 击穿区

8. 选用三极管时，通常选用 β 值为（　　）的三极管。

A. 10　　B. 20　　C. 30~100　　D. 150~200

9. 以下三极管工作在饱和状态的是（　　）。

A. 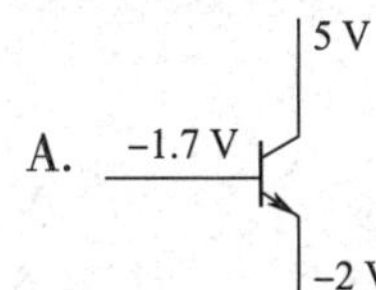

B. −6 V　−2.3 V　−2 V

C. 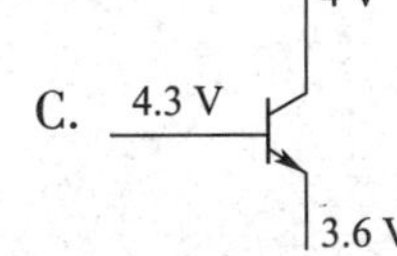

D. 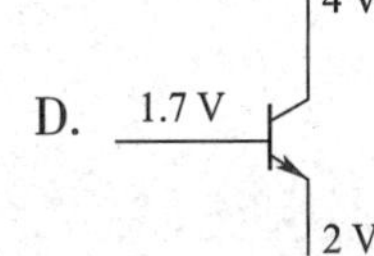

10. 某三极管的 $P_{CM}=100$ mW，$I_{CM}=20$ mA，$U_{BR(CEO)}=30$ V，如果将它接在电路中时，$I_C=15$ mA，$U_{CE}=20$ V，则该管（　　）。

A. 被击穿　　B. 工作正常

C. 过热甚至烧坏　　D. 无法确定

四、综合题

1. 电路中接有一个三极管（工作在放大状态），不知其管型，测量它的三个引脚的电位分别为 10.5 V、6 V、6.7 V，试判断三极管的三个电极和三极管的管型。

2. 有两个三极管，第一个三极管的 $\beta=50$，$I_{CEO}=10\ \mu A$；第二个三极管的 $\beta=150$，$I_{CEO}=200\ \mu A$，其他参数相同。哪个三极管更适合用于放大电流？简述理由。

任务 5　串联型直流稳压电源的装配与调试

一、填空题（将正确的答案填写在横线上）

1. 稳压二极管是采用____半导体材料通过特殊工艺制造的。

2. 稳压二极管工作在__________区，起稳压作用。

3. 串联型稳压电路包括______________、__________、__________、______________、__________五部分。

二、判断题（正确的在括号内打“√”，错误的在括号内打“×”）

1. 稳压二极管击穿后不一定会因过热而损坏。（　　）

2. 稳压二极管的外电路必须有很好的限流措施。（　　）

3. 调整电路是串联型稳压电路的核心，一般采用工作在放大状态的三极管完成输出电压的调整。（　　）

4. 并联型稳压电源的输出电压可以任意调节。（　　）

三、选择题（将正确答案的序号填入括号中）

1. 并联型稳压电源的输出电压 U_o 与稳压二极管的稳定电压 U_Z 的关系为 $U_o=$（　　）U_Z。

A. 1/2　　B. 1　　C. 2　　D. 4

2. 串联型稳压电源的比较放大电路中的三极管工作在（　　）。

A. 截止区　　B. 饱和区　　C. 放大区　　D. 击穿区

3. 串联型稳压电路中，取样电路的作用是（　　）。

A. 为电路提供一个稳定的比较电压

B. 将输出电压变化量的一部分取出，加到比较放大电路

C. 将取样电压与基准电压进行比较、放大

D. 将输入电压的变化量的一部分取出，加到比较放大电路

4. 某稳压二极管（硅管）的稳定电压 $U_Z=4$ V，当其两端施加的电压分别为+5 V（正向偏置）和−5 V（反向偏置）时，稳压二极管两端的最终电压分别为（　　）。

A. +5 V 和−5 V　　B. −5 V 和+4 V

C. +4 V 和−0.7 V　　D. +0.7 V 和−4 V

5. 图 1-5-1 所示的电路中，稳压管的稳定电压 $U_Z=6.3$ V，正向导通压降 $U_D=0.3$ V，则输出电压为（　　）V。

A. 0.3　　B. 0.7　　C. 7　　D. 14

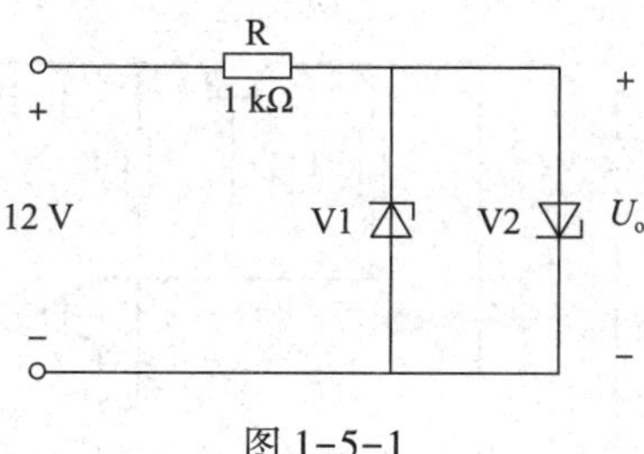

图 1-5-1

6. 在串联型稳压电路中，若将取样电路中电位器的滑片向下滑动，输出电压会（　　）。

A. 增大　　B. 减小　　C. 不变　　D. 无法确定

四、综合题

1. 硅稳压管稳压电路如图 1-5-2 所示，回答以下问题：

（1）电阻 R1 在电路中起什么作用？

（2）若 $R_1=0$，电路是否还有稳压作用？

（3）R_1 的大小对电路的稳压性能有何影响？

（4）若稳压管击穿或断路，对输出电压有什么影响？

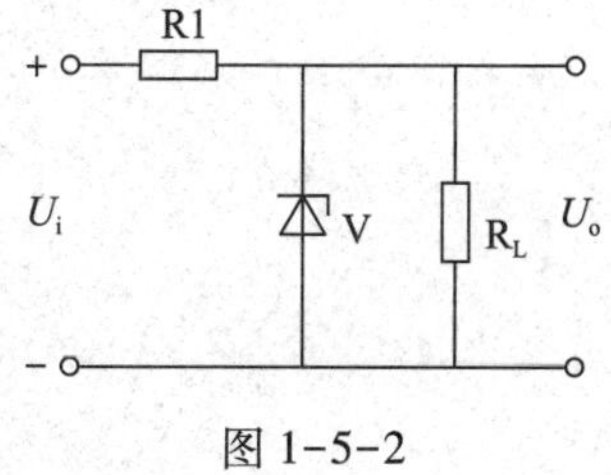

图 1-5-2

2. 图 1-5-3 所示的直流稳压电路中，$U_2=24$ V，稳压管的稳定电压 $U_Z=5.3$ V，三极管的 $U_{BE}=0.7$ V。若 $R_3=R_4=R_P=300$ Ω，计算 U_L 的可调范围。

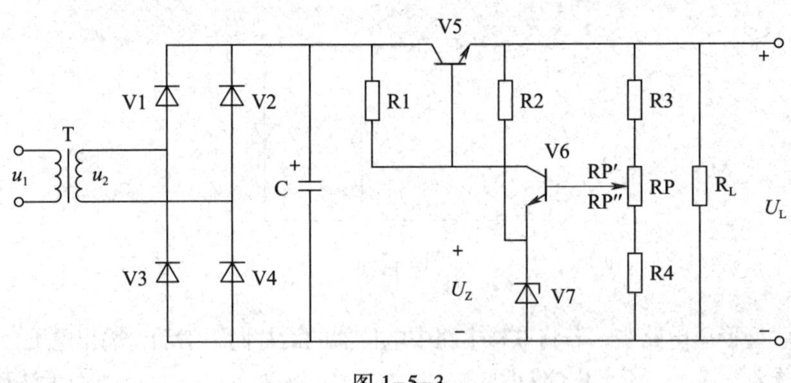

图 1-5-3

任务 6　集成稳压电路的装配与调试

一、填空题（将正确的答案填写在横线上）

1. 三端固定输出集成稳压器的三端是指____________、____________、____________。CW7800 系列三端固定输出集成稳压器输出固定____电压，CW7900 系列三端固定输出集成稳压器输出固定____电压。

2. 利用三端固定输出集成稳压器组成的稳压电路，其输入电压______（高于/低于）稳压器的输出电压。

3. 三端可调输出集成稳压器的三端是指____________、____________、____________。

4. CW317 稳压器输出电压的调整范围是________V。

二、判断题（正确的在括号内打“√”，错误的在括号内打“×”）

1. 三端集成稳压器的输出电压有正、负之分。（　　）

2. 三端集成稳压器型号 CW78（79）L××中的××表示输出电压值。（　　）

3. 可以通过外接电路扩大集成稳压器的输出电压和电流。（　　）

4. CW7905 型三端式稳压器的输出电压为-5 V。（　　）

三、选择题（将正确答案的序号填入括号中）

1. CW78L05 型三端式稳压器的输出电压为（　　）V。

A. 8　　B. 5　　C. -5　　D. 7

2. CW78L05 型三端式稳压器的输出电流为（　　）A。

A. 0.5　　B. 1.5　　C. 0.1　　D. 0.3

3. CW79M05 型三端式稳压器的输出电流为（　　）A。

A. 0.1　　B. 1.5　　C. 0.3　　D. 0.5

4. CW7800、CW7900 系列三端固定输出集成稳压器的输出电压有（　　）个挡。

A. 3　　B. 5　　C. 6　　D. 7

5. 以下关于 CW317 稳压器的说法正确的是（　　）。

A. 它是三端可调输出集成稳压器

B. 输出电流为 0.1 A

C. 输出电流为 0.5 A

D. 输出电压为负压

6. 图 1-6-1 所示的电路是一个输出（　　）扩展电路。

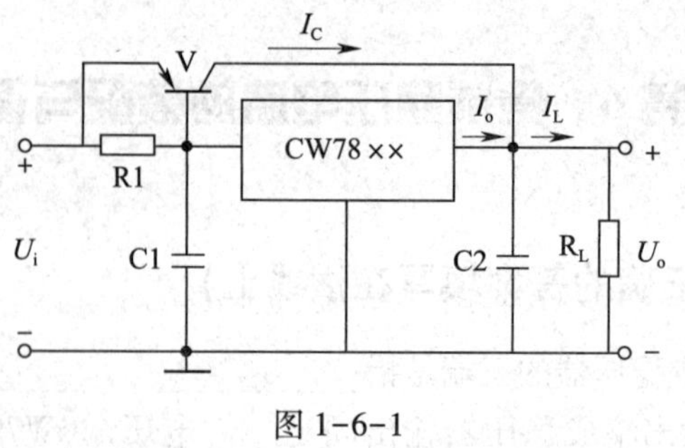

图 1-6-1

A. 电流　　B. 电压　　C. 电流和电压　　D. 无法确定

四、综合题

1. 将图 1-6-2 所示的电路元器件连接成输出电压为 5 V 的直流电源（假设 U_2 足够大）。

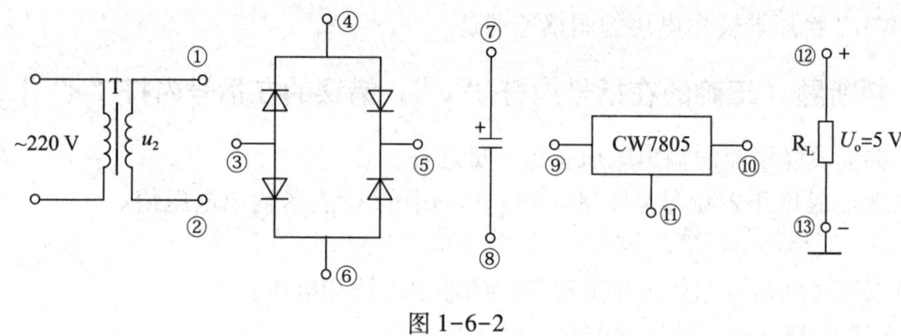

图 1-6-2

2. 由三端集成稳压器组成的稳压电路如图 1-6-3 所示，已知电流 $I_Q = 5$ mA，试求输出电压 U_L。

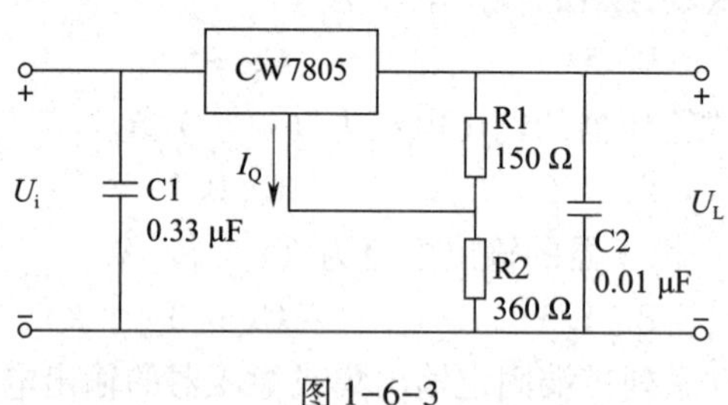

图 1-6-3

3. 可调式三端稳压电源电路如图 1-6-4 所示，求输出电压 U_o 的可调范围。

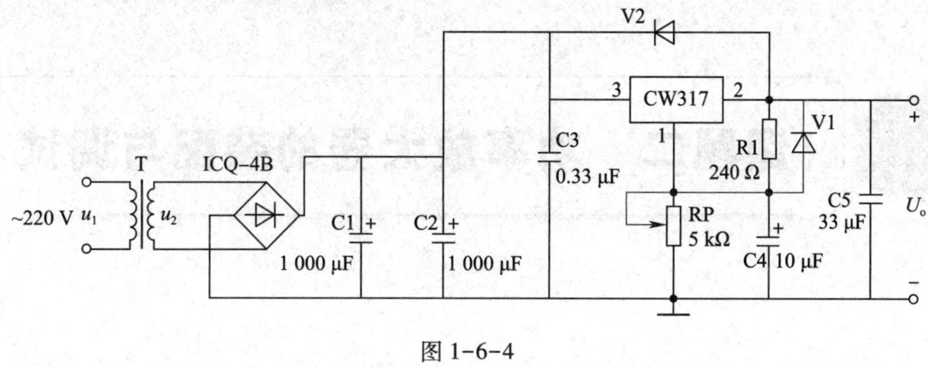

图 1-6-4

课题二　功率放大器的装配与调试

任务1　共发射极放大电路的装配与调试

一、填空题（将正确的答案填写在横线上）

1. 由于输入信号 u_i 加在三极管的基极与________之间，输出信号 u_o 取自集电极和________之间，输入/输出共用三极管的________，故称为共发射极放大电路。

2. 静态工作情况是指电路仅在______电源作用下工作的情况，静态工作时，电路中的电流及电压均为______。

3. 画放大电路的直流通路时，应把电容视为______；画交流通路时，应把电容和电源视为______。

4. 图 2-1-1 所示的放大电路中，若 Q 点设置偏高，易产生________失真，输出电压的____半周期将被削底。若 Q 点设置偏低，则易产生________失真，即输出电压的____半周期被缩顶。

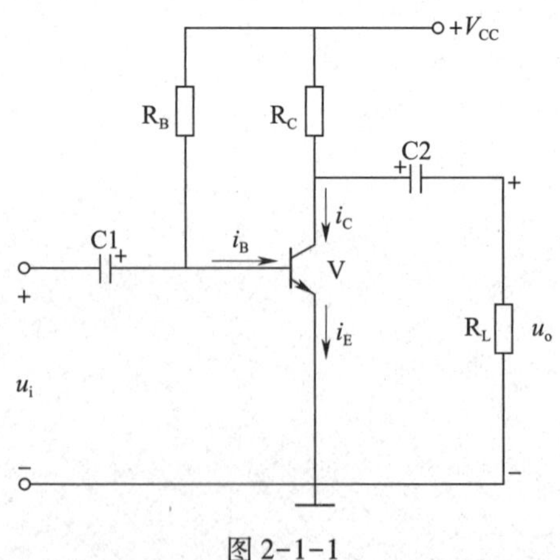

图 2-1-1

二、判断题（正确的在括号内打“√”，错误的在括号内打“×”）

1. 放大电路的失真与静态工作点有关。（　　）

2. 共发射极基本放大电路中，集电极电阻 R_C 的作用是将三极管的电流放大作用转换成集电极电压放大作用。（　　）

3. 为了提高电压放大倍数，静态工作点设置得越高越好。（　　）

4. 当电路不能正常工作时，应关断直流电源，再检查电路是否有接错、掉线、断线现象，有无接触不良、元器件损坏、元器件用错、元器件引脚接错等现象。（　　）

5. 在放大电路中，i_b 通常表示交直流叠加量。（　　）

6. 信号源和负载不是放大电路的组成部分，但它们对放大电路有影响。（　　）

7. 共发射极基本放大电路中，基极电阻的作用是为三极管提供一个合适的静态基极电流，使三极管能够不失真地放大输入信号。（　　）

8. 当放大电路静态工作点过高时，在 V_{CC} 和 R_C 不变的情况下，可增大基极电阻 R_B。（　　）

9. 在共发射极放大电路中，输出电压与输入电压同相。（　　）

10. 放大电路的静态工作点一经设定后，不会受外界因素的影响。（　　）

三、选择题（将正确答案的序号填入括号中）

1. 温度变化对 Q 点的影响集中表现在三极管（　　）电流随温度的变化而变化。

A. 基极　　B. 发射极　　C. 集电极　　D. 基极和发射极

2. 放大电路静态工作点的调整主要通过调节（　　）实现。

A. 集电极电阻　　B. 基极电阻　　C. 电源电压　　D. 集电极电压

3. 以下对放大电路的要求正确的是（　　）。

A. 放大倍数越高越好　　B. 只需放大交流信号

C. 放大倍数要大且失真要小　　D. 只需放大直流信号

4. 图 2-1-2 所示的电路不能正常放大交流信号的原因是（　　）。

A. 发射结不能正偏　　B. 集电结不能反偏

C. 输出无电阻，u_o 交流对地短路　　D. 无法确定

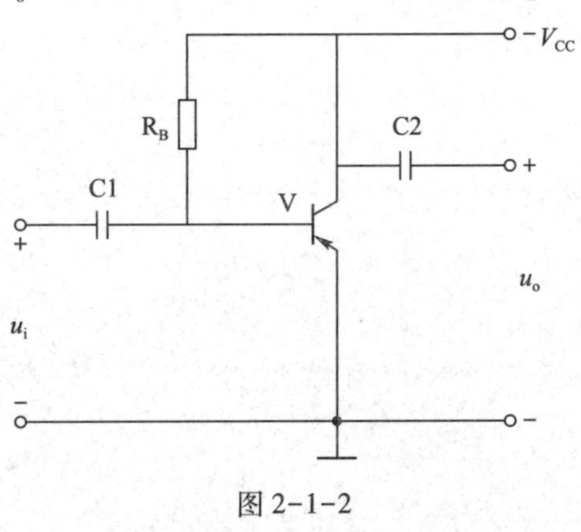

图 2-1-2

5. 某放大电路的电压放大倍数 $\dot{A}_u=-100$，其中负号表示（　　）。

A. 电压被缩小　　B. 输出信号与输入信号的相位相同

C. 电压被放大　　D. 输出信号与输入信号的相位相反

6.（　　）时，放大电路的电压放大倍数会增大。

A. 负载电阻减小　　B. 负载电阻增大

C. 三极管输入电阻增大　　D. 电源电压升高

7. 某共发射极放大电路，当输入 1 kHz、10 mV 正弦信号时，$\dot{A}_u=-50$；若输入1 kHz、20 mV 正弦信号（假设输出信号不失真），则 $\dot{A}_u=$（　　）。

A. −200　　B. −100　　C. −50　　D. −25

8. 温度升高对放大电路的影响是（　　）。

A. Q 点上移，容易引起饱和失真　　B. Q 点下移，容易引起饱和失真

C. Q 点上移，容易引起截止失真　　D. Q 点下移，容易引起截止失真

四、综合题

1. 什么是放大电路静态工作点？

2. 共发射极基本放大电路由哪些元器件组成？各元器件的作用是什么？

3. 图 2-1-3 所示的放大电路中，三极管（硅管）的 $\beta=100$，$r_{be}=1.4\ k\Omega$，回答以下问题：

（1）画出电路中的直流通路。

（2）若测得三极管的静态管压降 $U_{CEQ}=6\ V$，估算 R_B 的阻值。

（3）若放大电路的电压放大倍数 $\dot{A}_u=100$，计算负载电阻 R_L 的阻值。

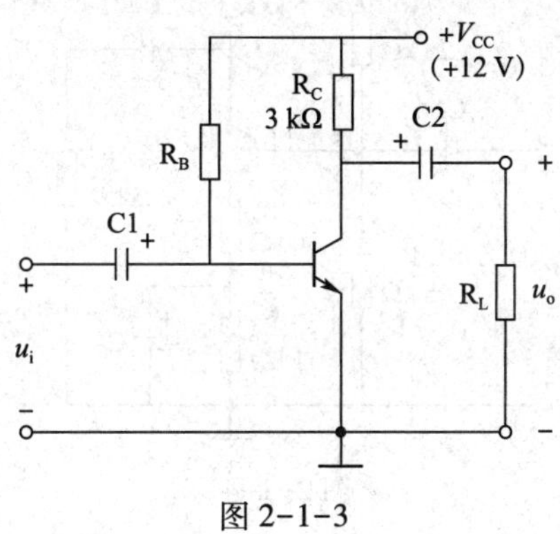

图 2-1-3

4. 图 2-1-4 所示的放大电路中，三极管（硅管）的 $\beta=100$，回答以下问题：

（1）画出电路中的直流通路。

（2）计算电路的静态工作点。

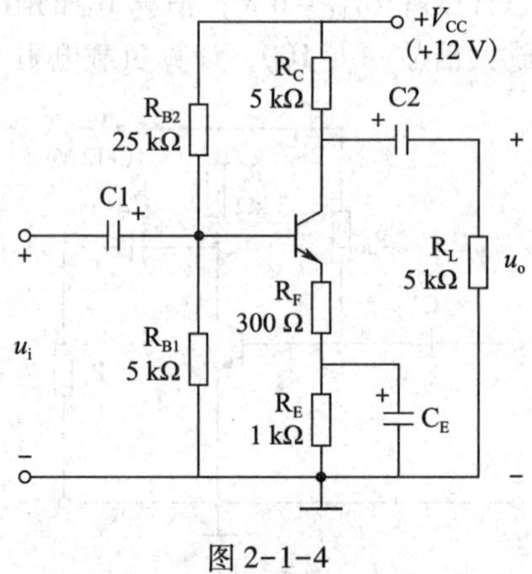

图 2-1-4

任务2　负反馈放大电路的装配与调试

一、填空题（将正确的答案填写在横线上）

1. 放大器中的反馈是指将放大电路的______________的一部分或全部通过一定的电路形式（称为反馈网络），按照某种方式送回________，并与输入信号（电压或电流）叠加，从而改变放大器性能的一种方法。

2. 如果反馈信号增强了原输入信号，则电路引入____反馈；如果削弱了原输入信号，则电路引入____反馈。

3. 若反馈信号取自放大电路的输出电压，则电路中引入的反馈为______反馈；若反馈信号取自放大电路的输出电流，则电路中引入的反馈为______反馈。通常情况下，若反馈元件在放大电路的输出电路中与负载电阻接在同一点上（对交流而言），则引入的反馈是______反馈；相反，若反馈元件在放大电路的输出电路中不与负载电阻接在同一点上（对交流而言），则引入的反馈是________反馈。

4. 共集电极放大电路没有______放大的作用，而且输出电压和输入电压相位________，所以共集电极放大电路又称为______________。

5. 如果反馈元件在放大电路的输入电路中接在三极管的基极，则电路中引入的反馈为______反馈；如果反馈元件在放大电路的输入电路中接在三极管的发射极，则电路中引入的反馈为______反馈。

6. 如果反馈信号中只有直流成分，称为______反馈；如果反馈信号中只有交流成分，称为______反馈。

二、判断题（正确的在括号内打“√”，错误的在括号内打“×”）

1. 电压负反馈具有稳定输出电压的作用。（　　）
2. 放大电路中引入正反馈能改善非线性失真。（　　）
3. 放大电路中引入正反馈能提高电压放大倍数。（　　）
4. 放大电路中引入直流反馈能稳定静态工作点。（　　）
5. 负反馈可提高放大器放大倍数的稳定性。（　　）
6. 分析反馈极性可以采用瞬时极性法。（　　）
7. 正反馈主要用于放大电路中。（　　）

三、选择题（将正确答案的序号填入括号中）

1. 若要增大放大电路的输入电阻，应引入（　　）。

A. 并联负反馈　　B. 串联负反馈

C. 电流负反馈　　D. 电压负反馈

2. 射极输出器具有（　　）的作用。

A. 增大输出电阻　　B. 减小输入电阻

C. 增大电压放大倍数　　D. 稳定输出电压

3. 若要稳定输出电流、增大输入电阻，应引入（　　）负反馈。

A. 电流串联　　B. 电流并联　　C. 电压串联　　D. 电压并联

4. 对于放大电路，开环是指（　　）。

A. 无信号源　　B. 无反馈通路　　C. 无电源　　D. 无负载

5. 共集电极放大电路是典型的（　　）负反馈放大电路。

A. 电压串联　　B. 电流串联　　C. 电压并联　　D. 电流并联

四、综合题

1. 负反馈对放大电路性能的影响有哪些？

2. 射极输出器有何特点？

3. 某多级放大器电路如图 2-2-1 所示，回答以下问题：

（1）三极管 V1 通过耦合电容器 C2 将发射极和基极相连，引入了什么性质的反馈？

（2）电容器 C6、电阻器 R16 和电位器 RP 引入了什么性质的反馈？作用是什么？

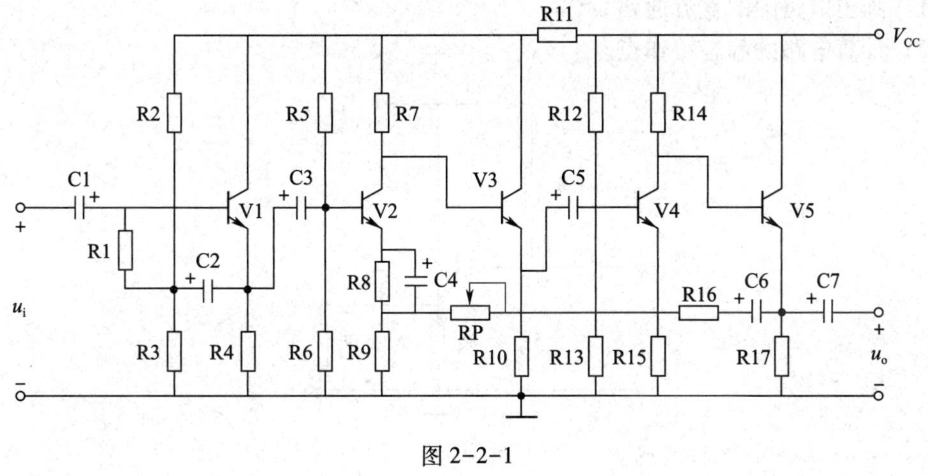

图 2-2-1

4. 共发射极基本放大电路如图 2-2-2 所示，其中 $V_{CC}=15\ \text{V}$，$R_B=200\ \text{k}\Omega$，$R_E=3\ \text{k}\Omega$，$R_L=10\ \text{k}\Omega$，电容器 C1、C2 对交流信号可视为短路，三极管的 $\beta=100$。回答以下问题：

（1）画出电路中的直流通路。

（2）计算电路的静态工作点。

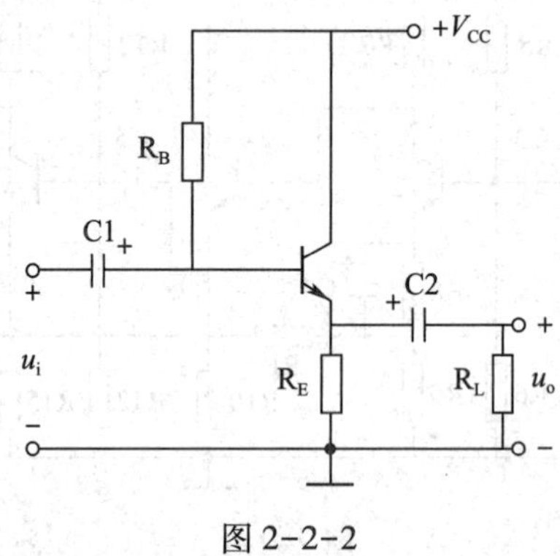

图 2-2-2

任务3　OTL 功率放大电路的装配与调试

一、填空题（将正确的答案填写在横线上）

1. 能实现信号功率放大的电路称为__________电路，又称为功率放大器（简称功放）。它的作用主要是高效率地向负载输出最大的___________。

2. 乙类放大电路有信号输入时，信号电压幅值必须大于三极管死区电压三极管才能导通，因此会在输出波形正、负半周交界处造成失真，这种失真称为_________。克服这种失真的常用方法是利用____个二极管的正向压降给两个功放互补管提供正向偏压。

3. 乙类双电源互补对称功率放大器由特性一致的_____型和_____型三极管组成。

4. 图 2-3-1 所示的 OCL 功率放大电路中，静态时 $I_{CQ}=0$，三极管______（导通/截止），因而无损耗。动态时，在输入信号 u_i 的正半周期，____导通、____截止；在输入信号 u_i 的负半周期，____导通、____截止。

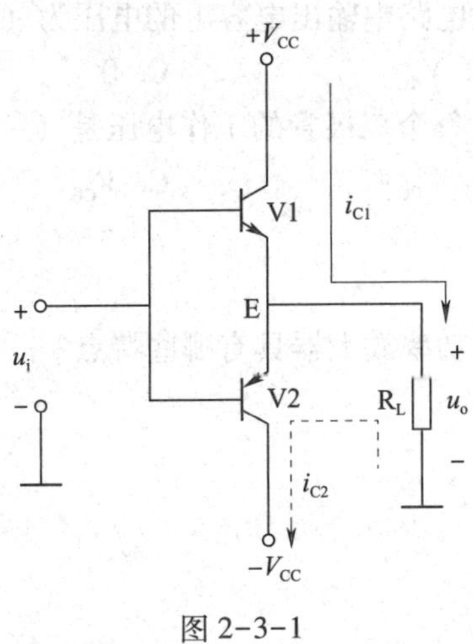

图 2-3-1

二、判断题（正确的在括号内打“√”，错误的在括号内打“×”）

1. 在一定的输出功率下，减小直流电源的功耗，就可以提高电路的转换效率。（　　）

2. 静态情况下，乙类互补功率放大器电源消耗的功率最大。（　　）

3. 功率放大器中的三极管常常工作在接近极限状态。（　　）

4. 工作在甲乙类放大状态的功率放大器能克服交越失真。（　　）

5. 功率放大器的静态电流越大越好。（　　）

6. 乙类功率放大器的管耗小，转换效率高。（　　）

7. 甲类功率放大器的优点是波形失真小。（　　）

8. OTL 功率放大器输出电容的作用仅仅是将信号传递到负载。（　　）

三、选择题（将正确答案的序号填入括号中）

1. 在整个输入信号周期内，三极管持续有电流流通的是（　　）放大。

A. 甲类　B. 乙类　C. 甲乙类　D. 无法确定

2. 在一个周期内，三极管只有半个周期有电流流通的是（　　）放大。

A. 甲类　B. 乙类　C. 甲乙类　D. 无法确定

3. 静态时，OCL 功率放大电路中三极管的发射极电位为（　　）。

A. $V_{CC}/2$　B. V_{CC}　C. 0　D. $V_{CC}/3$

4. 以下关于 OCL 功率放大电路中三极管的状态，说法正确的是（　　）。

A. 两管均工作在甲类状态下

B. 两管均工作在乙类状态下

C. 两管分别工作在甲类、乙类状态下

D. 两管分别工作在甲类、甲乙类状态下

5. 静态时，OTL 功率放大电路中输出电容上的电压为（　　）。

A. $V_{CC}/2$　B. V_{CC}　C. 0　D. $V_{CC}/3$

6. OTL 功率放大电路中，每个三极管的工作电压是（　　）。

A. 8 V　B. $V_{CC}/2$　C. V_{CC}　D. 5 V

四、综合题

1. 与电压放大电路相比，功率放大器具有哪些特点？

2. 放大电路的三种放大状态分别是什么？一些音响设备对音质要求很高，而音质会受到交越失真的影响，较大的交越失真会使音质降低，这时应选用工作在哪种放大状态下的放大电路更合适？

课题三　集成运算应用电路的装配与调试

任务1　比例运算电路的装配与调试

一、填空题（将正确的答案填写在横线上）

1. 集成运算放大器的种类很多，电路各不相同，但其内部结构相似，通常都由四部分组成，即________、________、________和_________。

2. 当集成运算放大器工作在线性放大区时，可以组成各种运算电路，如_________电路、_________电路、_________电路及______、______电路等。

3. 集成运算放大器两个输入端电位相等称为______，两个输入端的输入电流趋近于零称为______。

4. 加法运算电路可分为_________运算电路和_________运算电路。它是在反相比例运算电路或同相比例运算电路的基础上，增加几条输入支路而形成的电路。

5. 输出电压与输入电压大小相等、相位相反，这种电路称为________。

6. 集成运算放大器的输出级直接与负载相接，为功率放大级。一般要求输出级具有输出电压线性范围大、输出电阻小、失真小等特点，通常采用_________输出电路。

二、判断题（正确的在括号内打“√”，错误的在括号内打“×”）

1. 集成运算放大器工作在线性区时，电路一定要引入深度负反馈。（　　）

2. 开环差模电压放大倍数越大，集成运算放大器的性能越稳定。（　　）

3. 在反相比例运算电路中，当 $R_f=0$ 时，其电压放大倍数为无限大。（　　）

4. 开环输出电阻越小，集成运算放大器带负载的能力越强。（　　）

5. 集成运算放大器的正、负电源极性可接反使用。（　　）

6. 集成运算放大器的引出端只有三个。（　　）

7. 虚地指虚假接地，并不是真正接地。（　　）

8. 因为集成运算放大器的实质是高放大倍数的多级直流放大器，所以它只能放大直流信号。 （　）

9. 共模抑制比越小，差分放大电路的性能越好。 （　）

三、选择题（将正确答案的序号填入括号中）

1. 反相比例运算电路中，当 $R_f=R_1$ 时，电压放大倍数为（　）。

A. 无限大　B. −1　C. 2　D. 15

2. 同相比例运算电路中，当 $R_f=R_1$ 时，电压放大倍数为（　）。

A. 无限大　B. 1　C. 2　D. 15

3. 同相比例运算电路中存在（　）。

A. 正反馈　B. 电流串联正反馈

C. 电压串联负反馈　D. 电流串联负反馈

4. 反相比例运算电路中存在（　）。

A. 正反馈　B. 电压串联负反馈

C. 电流串联负反馈　D. 电压并联负反馈

5. 理想运算放大器的两个重要结论为（　）。

A. 虚地与反相　B. 虚短与虚地

C. 虚短与虚断　D. 虚断与虚地

6. （　）运算电路的特例是电压跟随器，它常用作缓冲器。

A. 同相比例　B. 反相比例　C. 减法　D. 加法

四、综合题

1. 理想集成运算放大器应满足哪些技术指标？

2. 集成运算放大器工作在线性区和非线性区各有什么特点？

3. 反相比例运算电路如图 3-1-1 所示，已知 $R_f = 20\ \text{k}\Omega$，$R_1 = 10\ \text{k}\Omega$，求电压放大倍数。

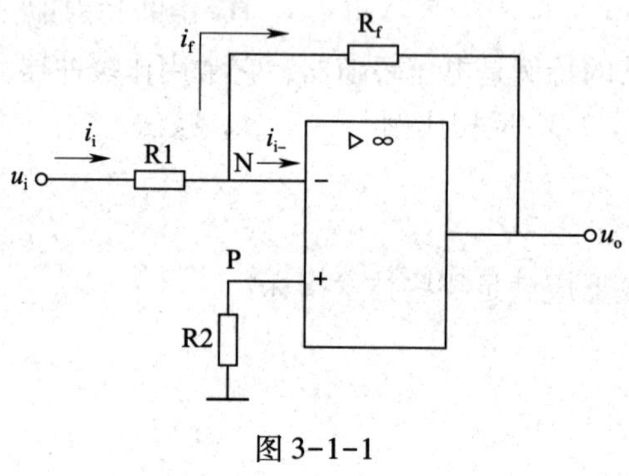

图 3-1-1

4. 同相比例运算电路如图 3-1-2 所示，已知 $R_f = 20\ \text{k}\Omega$，$R_1 = 10\ \text{k}\Omega$，求电压放大倍数。

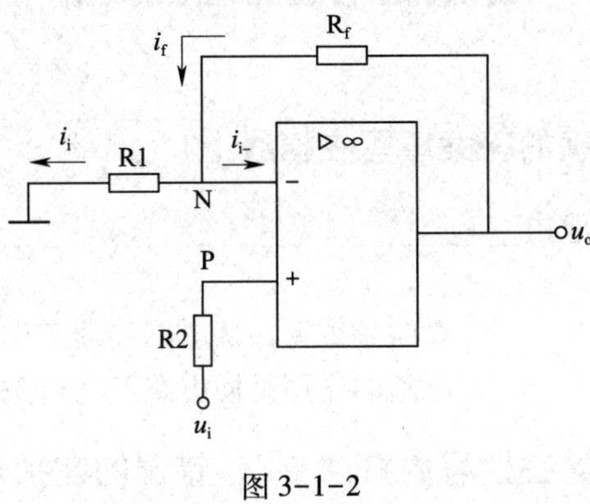

图 3-1-2

5. 反相加法运算电路如图 3-1-3 所示，已知 $R_f = 60\ \text{k}\Omega$，$R_1 = 10\ \text{k}\Omega$，$R_2 = 20\ \text{k}\Omega$，$R_3 = 10\ \text{k}\Omega$，求 u_o 与 u_i 的比值。

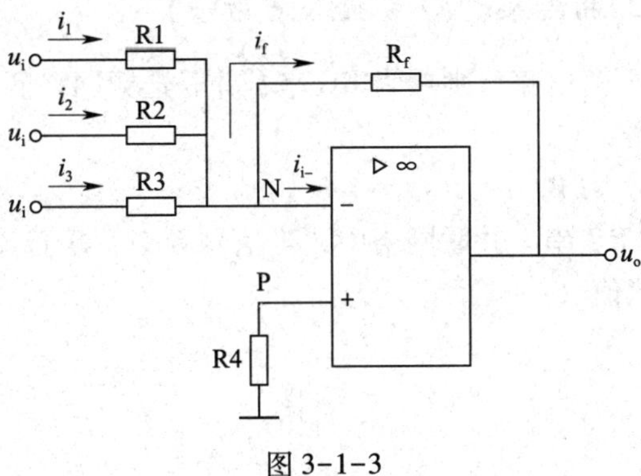

图 3-1-3

任务 2　正弦信号发生器的装配与调试

一、填空题（将正确的答案填写在横线上）

1. 正弦波振荡电路一般由__________、__________、__________和__________四部分组成。

2. 正弦波振荡电路中，______电路是维持振荡电路连续工作的主要环节。

3. 正弦波振荡电路中，______电路的作用是使电路产生自激振荡。

二、判断题（正确的在括号内打“√”，错误的在括号内打“×”）

1. 当信号频率较高时，电容器的容抗会很大。　（　　）

2. 正弦波振荡电路中选频电路的主要作用是保证电路能产生单一频率的振荡信号。　（　　）

3. RC 桥式正弦波振荡电路中，调整电位器 RP 可以改变负反馈深度，以满足振荡的振幅平衡条件并改善波形。　（　　）

4. 正弦波振荡电路中的反馈电路形成的反馈信号主要是负反馈信号。　（　　）

5. 正弦波振荡电路中的稳幅电路的主要作用是使振荡信号幅值稳定，以实现稳幅振荡。　（　　）

三、选择题（将正确答案的序号填入括号中）

1. 若要构成正弦波振荡电路，则要为 RC 串、并联选频网络匹配一个电压放大倍数略大于（　　）的放大电路。

A. 0　　B. 1　　C. 2　　D. 3

2. 图 3-2-1 所示的 RC 串、并联网络中，当信号频率 f 等于 RC 串、并联网络的谐振频率 f_0 时，U_f 与 U_o 的比值（　　）。

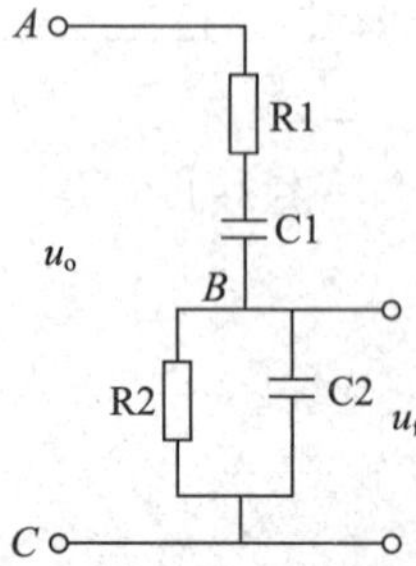

图 3-2-1

A. 最大　　B. 最小　　C. 波动最大　　D. 无法确定

3. 正弦波振荡器的振荡频率取决于（　　）。

A. 反馈元件的参数　　　　B. 正反馈的强度

C. 三极管的放大系数　　　　D. 选频电路的参数

4. 图 3-2-2 所示的 RC 串、并联网络中，当 $R_1=R_2=R$，$C_1=C_2=C$ 时，振荡电路起振的幅值条件为$\frac{R_F}{R_3}$（　　）。

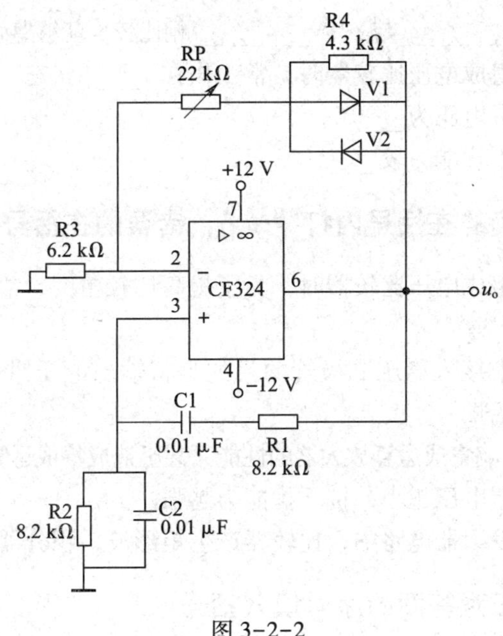

图 3-2-2

A. ⩾1　　B. ⩾2　　C. ⩽1　　D. ⩽2

四、综合题

图 3-2-2 所示的 RC 串、并联网络中，已知 $R_1=R_2=2\ \text{k}\Omega$，$C_1=C_2=47\ \mu\text{F}$，求 RC 串、并联网络的谐振频率 f_0。

任务3　矩形波—三角波发生器的装配与调试

一、填空题（将正确的答案填写在横线上）

1. 电压比较器能将________与一个________相比较，能够鉴别输入电压的相对大小。

2. 集成运算放大器组成电压比较器时，常工作在______状态。

3. 过零比较器的参考电压为____V。

4. 过零比较器的抗干扰能力较____。

二、判断题（正确的在括号内打“√”，错误的在括号内打“×”）

1. 集成运算放大器组成电压比较器时，为了提高比较精度，常在电路中引入负反馈。（　　）

2. 过零比较器电路中接入稳压二极管的目的是将输出电压钳位在某个特定值，以满足对比较器输出电压的要求。（　　）

3. 输入信号过大会影响集成运算放大器的性能，甚至造成集成运算放大器损坏。（　　）

4. 滞回比较器的回差电压越小，抗干扰能力越强。（　　）

5. 矩形波—三角波发生器电路中，比较器产生矩形波，积分器产生三角波。（　　）

三、选择题（将正确答案的序号填入括号中）

1. 在矩形波—三角波发生器中，反相积分器工作在（　　）。

A. 线性区　　B. 非线性区　　C. 正反馈状态　　D. 饱和状态

2. 图3-3-1所示的矩形波—三角波发生器电路中，改变（　　）可以改变其输出电压的频率。

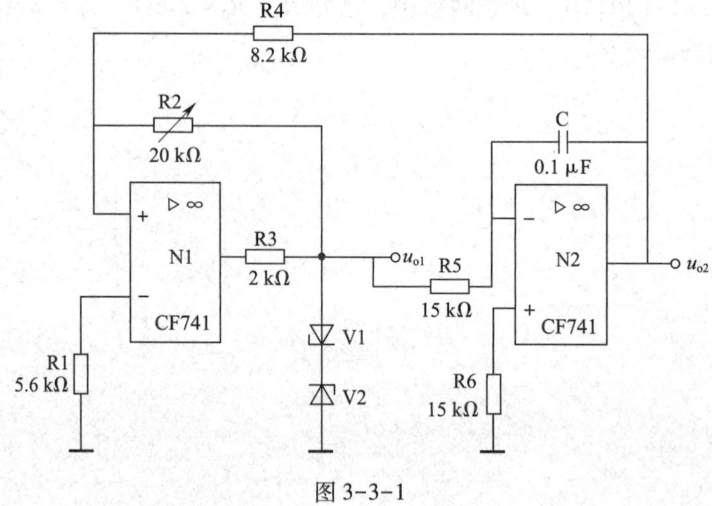

图3-3-1

A. R_1 的值　　B. R_3 的值

C. R_2 和 R_4 的比值　　D. R_6 的值

3. 为了防止电源极性接反而损坏集成运算放大器，可将二极管（　　）。

A. 并联在电源端　　B. 串联在输入端

C. 并联在输入端　　D. 串联在电源端

4. 滞回比较器将输出电压经电阻反馈到（　　）端。

A. 同相输入　　B. 反相输入　　C. 输出　　D. 无法确定

5. 在矩形波—三角波发生器中，电压比较器工作在（　　）。

A. 线性区　　B. 非线性区　　C. 正反馈状态　　D. 饱和状态

四、综合题

图 3-3-2a 所示的滞回比较器电路中，输出电压$+U_{om}=12$ V，$R_2=10$ kΩ，$R_f=30$ kΩ，比较器工作在理想状态。回答以下问题：

1. 求参考电压 U_P 和$-U_P$。

2. 若输入信号波形为三角波（见图 3-3-2b），画出输出信号波形。

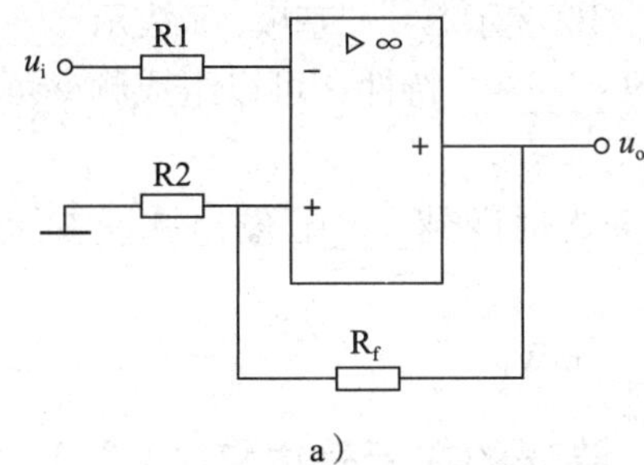

a）

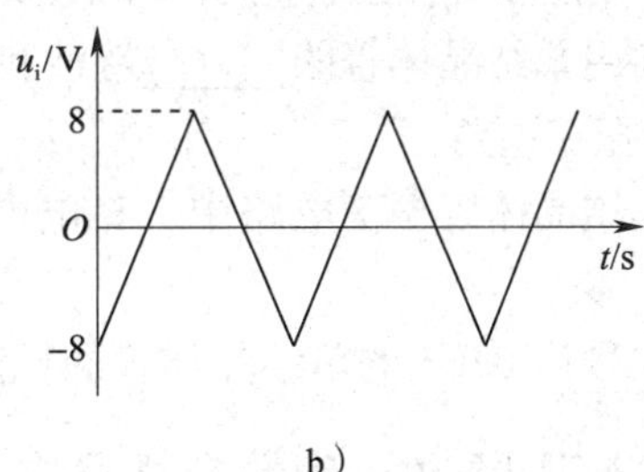

b）

图 3-3-2

课题四　晶闸管应用电路的装配与调试

任务 1　单结晶体管触发电路的装配与调试

一、填空题（将正确的答案填写在横线上）

1. 单结晶体管有三个电极，B1 表示第____基极，B2 表示第____基极，E 表示______极。

2. 利用单结晶体管的______特性和 RC 电路的________特性，可以组成频率可调的单结晶体管振荡电路。

3. 单结晶体管振荡电路中，充电电阻越大，充电时间越____，输出脉冲波形越____（前/后）移。

4. 型号为 BT33 的单结晶体管的耗散功率为____mW。

二、判断题（正确的在括号内打“√”，错误的在括号内打“×”）

1. 单结晶体管是一种具有负阻特性的双基极二极管。（　　）

2. 单结晶体管触发电路中，无论发射极电阻 R_E 的取值如何，电路都能正常工作。（　　）

3. 单结晶体管的谷点电压通常为 10~20 V。（　　）

4. 单结晶体管触发电路中，调节电位器 RP 可以改变第一个触发脉冲出现的时间。（　　）

5. 单结晶体管在两个基极之间靠近 B2 处掺入 N 型杂质。（　　）

三、选择题（将正确答案的序号填入括号中）

1. 单结晶体管的分压比由内部结构决定，通常为（　　）。

A. 0.1~0.2　　B. 0.3~0.9　　C. 1.1~1.2　　D. 1.3~1.9

2. 以下关于单结晶体管的两个基极 B1、B2 说法正确的是（　　）。

A. 可以交换接线　　B. B2 的电位必须高于 B1

C. B1 的电位必须高于 B2　　D. 以上说法均不正确

3. 单结晶体管振荡电路中，电容上的电压波形是（　　）。

A. 锯齿波　　B. 正弦波　　C. 矩形波　　D. 尖脉冲

4. 单结晶体管振荡电路中，输出电压波形是（　　）。

A. 锯齿波　　B. 正弦波　　C. 矩形波　　D. 尖脉冲

四、综合题

1. 单结晶体管与普通三极管的主要区别是什么?

2. 简述用万用表检测单结晶体管质量的方法。

任务2　单相半波可控整流调光灯电路的装配与调试

一、填空题（将正确的答案填写在横线上）

1. 晶闸管的外形大致有三种，________式、________式和________式。
2. 当晶闸管阳极承受____向电压，控制极也加____向电压时，晶闸管才能导通。
3. 晶闸管的正向特性有______状态和______状态之分。
4. 通过对触发脉冲的控制来改变直流输出电压大小的控制方式称为________控制方式。
5. 型号为3CT-5/500的晶闸管的通态平均电流为____A。

二、判断题（正确的在括号内打"√"，错误的在括号内打"×"）

1. 晶闸管导通之后，它的导通状态完全依靠管子本身的负反馈作用来维持，即使控制极电流消失，晶闸管仍处于导通状态。（　　）
2. 晶闸管可以看成由两个PNP型三极管组成。（　　）
3. 晶闸管导通后，两端的电压降很小，电源电压几乎全部加在负载上。（　　）
4. 单相半波可控整流调光灯主电路接平滑直流电也能正常调光。（　　）
5. 单相半波可控整流调光灯电路中，控制角 α 为60°时比控制角 α 为90°时的输出电压大。（　　）

三、选择题（将正确答案的序号填入括号中）

1. 晶闸管具有（　　）个PN结。
   A. 2　　B. 3　　C. 4　　D. 5
2. 电压等级为8的晶闸管的峰值电压为（　　）V。
   A. 8　　B. 80　　C. 800　　D. 8 000
3. 以下关于晶闸管的关断说法正确的是（　　）。
   A. 只要阳极加反向电压就一定关断
   B. 只要控制极加反向电压就一定关断
   C. 只要控制极不加电压就一定关断
   D. 只要输出电压为负就一定关断
4. 型号为KP100-12G的晶闸管的峰值电压为（　　）V。
   A. 1.2　　B. 12　　C. 120　　D. 1 200
5. 若想关断晶闸管，可采用的方法为（　　）。
   A. 减小控制极电流　　B. 断开控制极电源
   C. 在控制极加负电压　　D. 将阳极电源断开

四、综合题

1. 和普通二极管相比，晶闸管具有哪些特性？

2. 简述用万用表检测晶闸管质量的方法。

3. 图 4-2-1 所示的单相半波可控整流电路中，负载电阻 $R_d = 20\ \Omega$，电源电压为 AC 220 V。回答以下问题：

（1）计算 $\alpha = 60°$时的输出电压 U_d 并画出输出电压波形。

（2）计算晶闸管两端的最高电压 U_{TM} 和平均电流 I_d。

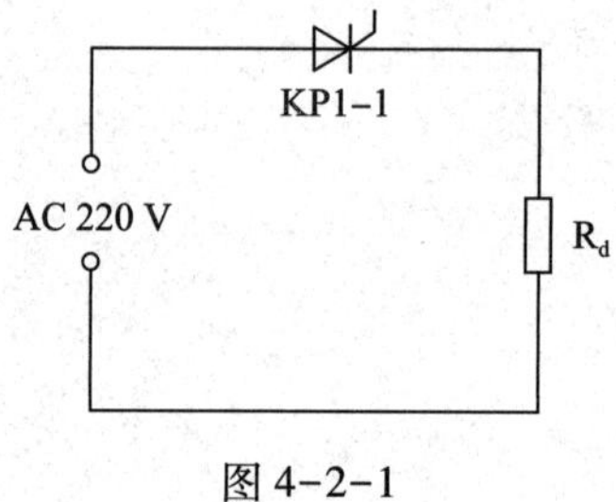

图 4-2-1

任务3 单相交流调压电路的装配与调试

一、填空题（将正确的答案填写在横线上）

1. 双向晶闸管有三个引脚，分别称为____________、____________和______________。

2. 双向晶闸管是在单向晶闸管的基础上开发的一种______（直流/交流）型功率控制元器件。

3. 图4-3-1所示的电路中，当电源电压 u_2 为正且控制极上无触发脉冲时，双向晶闸管处于______状态，负载两端的电压为____V；当触发脉冲（电压足够大）到来时，双向晶闸管______，负载两端的电压约等于______电压。

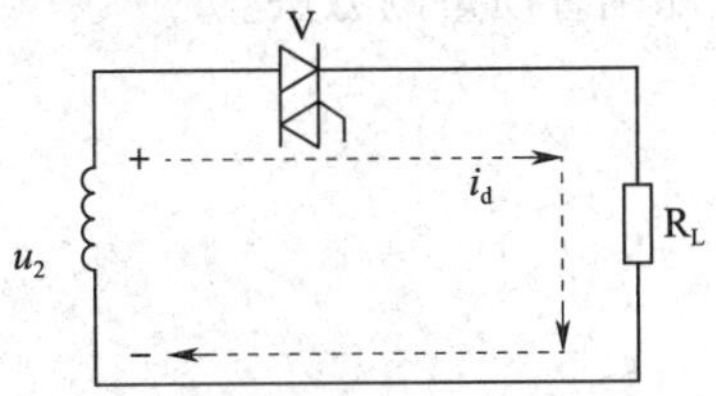

图4-3-1

二、判断题（正确的在括号内打"√"，错误的在括号内打"×"）

1. 双向晶闸管导通与否由主电极电压极性决定。（ ）
2. 双向晶闸管能够替代两个反向并联的单向晶闸管。（ ）
3. 当主电极电流小于维持电流时，双向晶闸管关断。（ ）
4. 双向晶闸管一旦导通，控制极即失去控制作用。（ ）
5. 改变双向晶闸管的触发时刻即可改变输出电压的波形。（ ）

三、选择题（将正确答案的序号填入括号中）

1. 当双向晶闸管（ ）上无触发电压时，双向晶闸管不导通。
   A. 主电极 B. 第一阳极
   C. 第二阳极 D. 控制极
2. 由于双向晶闸管主电极可以双向导通，所以一般用于（ ）负载。
   A. 交流 B. 直流
   C. 电感性 D. 电容性
3. 单相交流调压电路带电阻负载时，移相范围为（ ）。
   A. 0°~60° B. 0°~90°
   C. 0°~120° D. 0°~180°

四、综合题

1. 与普通晶闸管相比，双向晶闸管具有哪些特点？

2. 简述用万用表检测双向晶闸管质量的方法。

课题五　逻辑门及其应用电路的装配与调试

任务1　基本逻辑门电路的装配与调试

一、填空题（将正确的答案填写在横线上）

1. 电子电路的工作信号可以分为______信号和______信号两种。

2. 数字电路中的基本逻辑关系有____逻辑、____逻辑和____逻辑三种。

3. 如果用“1”表示高电平，用“0”表示低电平，则称为____逻辑；如果用“0”表示高电平，用“1”表示低电平，则称为____逻辑。如果没有特殊说明，默认为____逻辑。

4. 根据逻辑代数的摩根定律，$\overline{A+B}=$________，$\overline{AB}=$________。

二、判断题（正确的在括号内打“√”，错误的在括号内打“×”）

1. “与”门电路的逻辑功能是输入有1，输出为1。（　　）

2. 在数字电路中，晶体管一般工作在放大状态。（　　）

3. 在“非”逻辑关系中，决定一件事情的条件只有一个。（　　）

4. “或”门电路的逻辑功能是输入有0，输出为0。（　　）

5. 在数字信号中，0和1均表示数值，不表示状态。（　　）

6. 逻辑门电路可以有一个或多个输入端，但只有一个输出端。（　　）

7. 数字电路与模拟电路相比，其抗干扰能力更强、功耗更低。（　　）

8. 模拟信号更容易存储、压缩、再现和传输。（　　）

9. 根据逻辑代数的分配律，$A+BC=(A+B)(A+C)$。（　　）

三、选择题（将正确答案的序号填入括号中）

1. 根据逻辑乘运算法则，$A\times A=$（　　）。

A. 0　　B. A　　C. 1　　D. $\overline{A}$

2. “非”逻辑关系为（　　）。

A. 输入为1，输出为1　　B. 输入为0，输出为0

C. 输入为0，输出为1　　D. 无法确定

3. 在TTL电路中，低电平的上限值为（　　）V。

A. 0.8　　B. 0.7　　C. 2　　D. 3

4. 在TTL电路中，高电平的下限值为（　　）V。

A. 0.8　　B. 0.7　　C. 2　　D. 3

5. 以下运算错误的是（　　）。

A. $A+B=B+A$　　B. $AB=BA$　　C. $A+1=0$　　D. $A+0=A$

四、综合题

1. 简述数字电路的特点。

2. 化简以下逻辑表达式：

（1）$Y=AB\overline{C}+ABC$

（2）$Y=A(BC+\overline{BC})+A(B\overline{C}+\overline{B}C)$

3. 最简“与或”逻辑函数式的标准是什么?

任务 2　复合逻辑门电路的装配与调试

一、填空题（将正确的答案填写在横线上）

1. 常用的数字集成逻辑电路有______和________两大类。

2. TTL 电路的输入级和输出级均采用__________。

3. TTL 集成“与非”门电路由________、________和________三部分组成。

4. “或非”逻辑的运算顺序是先逻辑____后逻辑____。

5. “与非”逻辑的运算顺序是先逻辑____后逻辑____。

6. “或非”门的多余输入引脚可以接____电平处理，“与非”门的多余输入引脚可以接____电平处理。

二、判断题（正确的在括号内打“√”，错误的在括号内打“×”）

1. “与非”运算具有完备性。（　　）

2. “与非”门只能实现“与非”逻辑关系。（　　）

3. 可以用“或非”门实现“与”逻辑关系。（　　）

4. “或非”门的逻辑功能是输入有 0，输出就为 0。（　　）

5. 多发射极晶体管的每一个发射极都相当于一个二极管。（　　）

6. 在不同系列的 TTL 集成电路中，只要 TTL 集成电路型号的后几位数码完全相同，则它们的逻辑功能、外形尺寸和引脚排列便完全一样。（　　）

三、选择题（将正确答案的序号填入括号中）

1. “与非”门的逻辑关系表达式为（　　）。

A. $Y=\overline{AB}$　　B. $Y=A+B$

C. $Y=A\oplus B$　　D. $Y=A\odot B$

2. “或非”门的逻辑关系表达式为（　　）。

A. $Y=\overline{AB}$　　B. $Y=\overline{A+B}$

C. $Y=A\oplus B$　　D. $Y=A\odot B$

3. “异或”门的逻辑关系表达式为（　　）。

A. $Y=\overline{AB}$　　B. $Y=A+B$

C. $Y=A\oplus B$　　D. $Y=A\odot B$

4. 当输入 A、B 均为 1 时，“异或”门的输出为（　　）。

A. 0　　B. 1

C. A　　D. A^2

四、综合题

1. 画出“与非”门的逻辑结构和逻辑符号。

2. 画出“或非”门的逻辑结构和逻辑符号。

3. 画出“异或”门的逻辑结构和逻辑符号。

任务3　三人表决器电路的装配与调试

一、填空题（将正确的答案填写在横线上）

1. 三人表决器主要由__________电路、______电路、__________电路构成。

2. 发光二极管的管体一般是用透明________制成的。

3. 用目测法判断发光二极管的正、负极性时，可以将管子拿起置于较明亮处，从侧面仔细观察两条引出线在管锋内的形状，较小的一端是____极，较大的一端是____极。

二、判断题（正确的在括号内打"√"，错误的在括号内打"×"）

1. 表决器只能由"与非"门电路组成。　　（　　）

2. 用指针式万用表检测发光二极管正、负极性时，必须使用 R×1 k 挡。　　（　　）

3. "与非"门的特点是有 0 出 0。　　（　　）

4. 用指针式万用表的 R×1 k 挡无法判断发光二极管的质量好坏。　　（　　）

三、选择题（将正确答案的序号填入括号中）

1. 当指针式万用表转换开关置于 R×1 k 及其以下各电阻挡时，表内电池电压为（　　）V。

A. 1.5　　B. 5　　C. 9　　D. 15

2. 发光二极管的开启电压略大于（　　）V。

A. 2　　B. 4　　C. 6　　D. 8

四、综合题

1. 写出图 5-3-1 所示逻辑电路图对应的逻辑表达式。

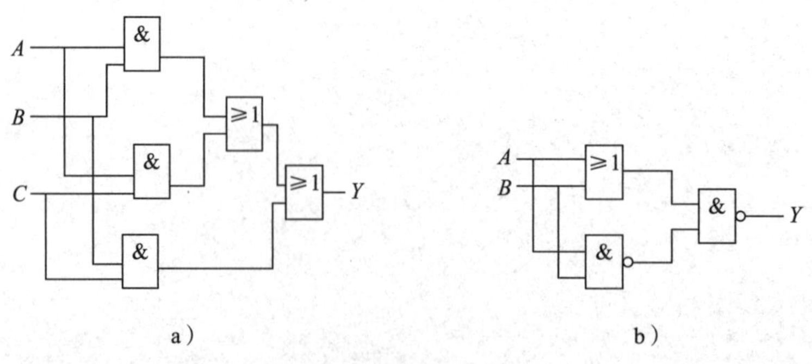

图 5-3-1

2. 已知某红色发光二极管的正向压降为 1.8 V，工作电流为 5 mA～20 mA，现将发光二极管接在电源电压为 5 V 的电路中，为使发光二极管正常工作，求分压电阻的最大阻值和最小阻值。

课题六　触发器及其应用电路的装配与调试

任务1　触发器电路的装配与调试

一、填空题（将正确的答案填写在横线上）

1. ________电路能够记忆电路的原状态，电路的输出状态不仅取决于当前的输入状态，还与电路原来的状态有关。

2. 根据逻辑功能的不同，触发器可分为____触发器、____触发器、____触发器、____触发器和____触发器。

3. 触发器是一种能储存____位二进制信息的双稳态存储单元。

4. 基本RS触发器是一种最简单的触发器，是构成各种功能触发器的基本单元。它可以由两个______门或两个______门组成。

5. 触发器的初始状态即接收输入信号之前的状态称为______，用____表示；触发器变化以后的状态即接收输入信号之后的状态称为______，用____表示。

6. D触发器的特性方程是______________。

7. JK触发器具有______、______、______和______的功能。

二、判断题（正确的在括号内打“√”，错误的在括号内打“×”）

1. 基本RS触发器的优点是抗干扰能力强。（　　）

2. RS触发器具有置0、置1和保持功能。（　　）

3. 同步RS触发器的输入信号之间没有约束。（　　）

4. 同步RS触发器电路中，在$CP=1$期间，输入信号R、S可以同时为1。（　　）

5. 基本RS触发器受时钟脉冲的控制。（　　）

6. 由“与非”门组成的基本RS触发器在$\overline{R}=0$、$\overline{S}=0$时置1。（　　）

7. 当基本RS触发器的$\overline{R}=1$、$\overline{S}=1$时，其逻辑功能为保持。（　　）

8. D 触发器的输入信号之间没有约束。 ( )

9. D 触发器状态的改变受时钟脉冲的控制。 ( )

三、选择题（将正确答案的序号填入括号中）

1. 基本 RS 触发器特性方程的约束条件为（ ）。

A. $\overline{R}+\overline{S}=1$　　B. $RS=1$　　C. $\overline{R}\,\overline{S}=0$　　D. 无约束

2. JK 触发器的输入信号有（ ）种组合。

A. 1　　B. 2　　C. 3　　D. 4

3. JK 触发器的特性方程为（ ）。

A. $J=\overline{K}$　　B. $K=\overline{J}$

C. $Q^{n+1}=J\overline{Q^n}+\overline{K}Q^n$　　D. $Q^{n+1}=JQ^n+\overline{KQ^n}$

4. D 触发器具有的功能为（ ）。

A. 仅置 0　　B. 置 0 和置 1　　C. 仅置 1　　D. 置 0 和保持

5. 功能最齐全且通用性强的触发器为（ ）。

A. RS 触发器　　B. JK 触发器　　C. T 触发器　　D. D 触发器

四、综合题

1. 简述触发器的基本特点。

2. 简述基本 RS 触发器的电路特点，写出其特性方程。

3. 根据图 6-1-1 所示的电路图和时钟控制脉冲时序图，画出 Q 端的输出时序图，已知 K 端接高电平（初始状态 $Q=0$）。

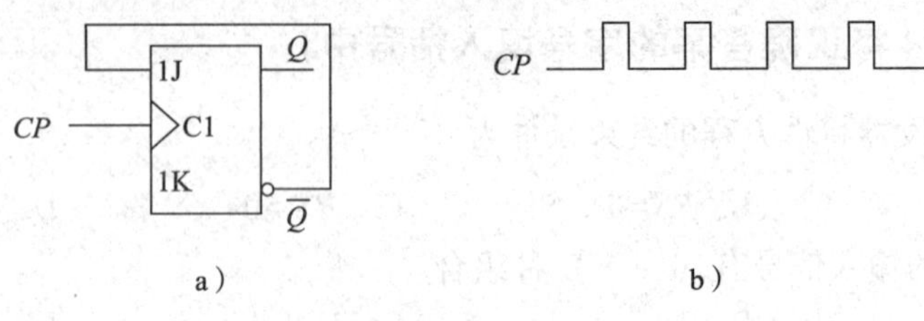

图 6-1-1

4. 根据图 6-1-2 所示的电路图和时钟控制脉冲时序图，画出 Q 端的输出时序图，已知 J、K 端均接高电平（初始状态 $Q=0$）。

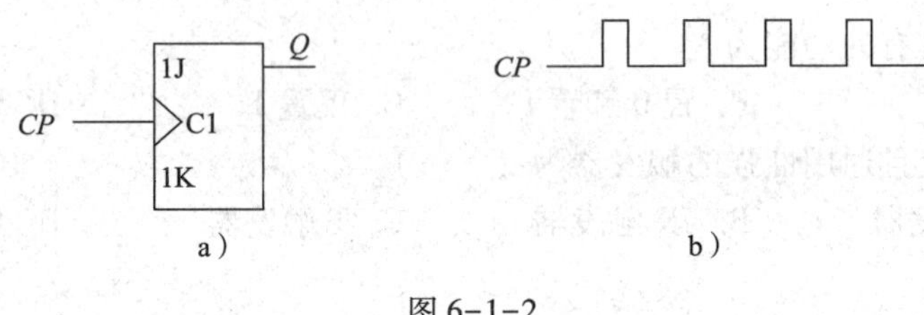

图 6-1-2

任务 2　抢答器的装配与调试

一、填空题（将正确的答案填写在横线上）

1. 具有记忆功能的抢答器电路一般由______系统、__________________系统、__________________系统以及___________系统四部分组成。

2. 一个触发器可以存放____位二进制数。

3. 当万用表转换开关置于 R×10 k 挡时，表内接有____V 高压电池。

二、判断题（正确的在括号内打“√”，错误的在括号内打“×”）

1. 具有记忆功能的抢答器中，触发器可使用 D 触发器。（　　）

2. 具有记忆功能的抢答器中，触发器可使用 JK 触发器。（　　）

3. 发光二极管应垂直安装，底部应贴紧电路板。（　　）

三、选择题（将正确答案的序号填入括号中）

1. 当“与非”门的输入信号有 0 时，输出信号为（　　）。

A. 1　　B. 0　　C. 2　　D. 无法确定

2. 具有记忆功能的抢答器中，触发器的作用是（　　）。

A. 仅接收信号　　B. 仅传输信号　　C. 接收和存储信号　D. 仅反馈信号

3. 当“与非”门的输入信号为 1、1 时，输出信号为（　　）。

A. 0　　B. 1　　C. 2　　D. 4

四、综合题

简述用万用表检测发光二极管正、负极性的方法。

课题七　计数器及其应用电路的装配与调试

任务1　计数、译码、显示电路的装配与调试

一、填空题（将正确的答案填写在横线上）

1. 计数器是由________和________组成的一种时序电路，其基本功能是计算输入脉冲的个数，还可以用于______、______、__________、__________等，是数字电路中不可缺少的逻辑部件。

2. 根据计数器中各个触发器状态改变的先后次序不同，计数器可分为______计数器和______计数器两大类。

3. 根据计数器中数值增减情况的不同，计数器可分为______计数器、______计数器和______计数器。

4. 十进制计数器的特点是电路有____种状态。

二、判断题（正确的在括号内打“√”，错误的在括号内打“×”）

1. 在异步计数器中，各个触发器都受同一个时钟脉冲控制。（　　）

2. 在同步计数器中，各个触发器的翻转有先有后。（　　）

3. 计数器只有二进制和十进制两种进位数制。（　　）

4. 计数器中触发器状态的改变不仅与输入信号有关，还与电路原来的状态有关。（　　）

5. N 进制计数器可利用已有的集成计数器并采用反馈归零法获得。（　　）

6. 74LS192 计数器既可以进行加法计数，也可以进行减法计数。（　　）

7. 74LS290 计数器既可以实现二进制计数，也可以实现五进制、十进制计数，这取决于计数脉冲的输入方式。（　　）

三、选择题（将正确答案的序号填入括号中）

1. 在十进制加法计数器中，若从 0 开始计数，第 10 个计数脉冲到来后，计数器的状态为（　　）。

A. 0000　　B. 1000　　C. 1001　　D. 0110

2. 在五进制加法计数器中，若从 0 开始计数，第 9 个计数脉冲到来后，计数器的状态为（　　）。

A. 0000　　B. 1000　　C. 0100　　D. 0011

3. 二进制数 1010 对应的十进制数为（　　）。

A. 2　　B. 4　　C. 8　　D. 10

4. 两个 74LS192 计数器可以组成（　　）进制计数器。

A. 十　　B. 二十　　C. 100　　D. 200

四、综合题

根据图 7-1-1 所示的由 D 触发器构成的异步计数器电路图和时钟控制脉冲时序图，画出 Q_0、Q_1、Q_2 端的输出时序图（初始状态下 Q_0、Q_1、Q_2 均为低电平）。

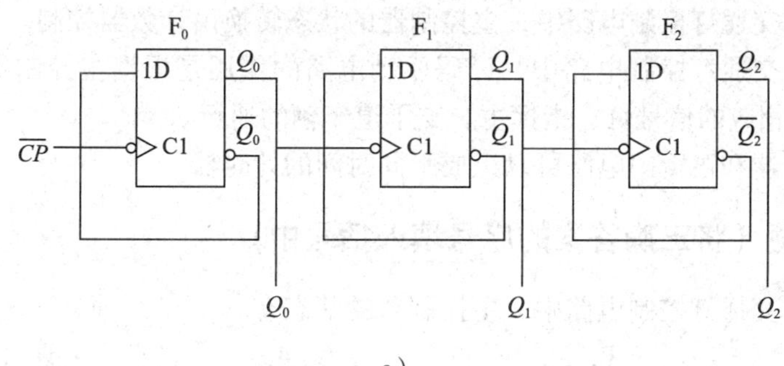

a）

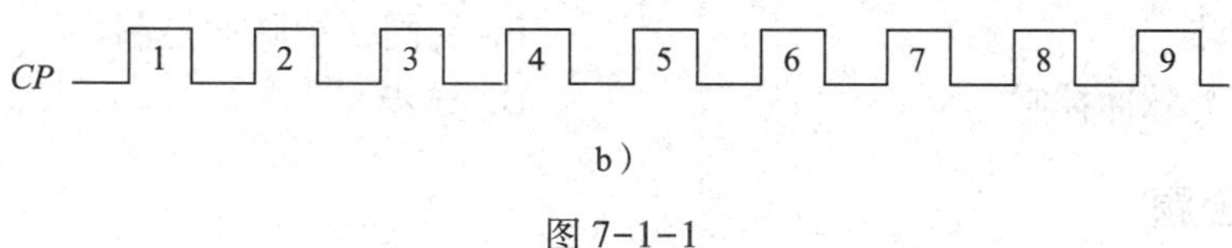

b）

图 7-1-1

任务2　十字路口交通灯控制电路的装配与调试

一、填空题（将正确的答案填写在横线上）

1. 十字路口交通灯控制电路由________________、________、__________、__________________和信号灯组成。

2. 时钟信号发生器的主要作用是产生稳定的秒脉冲信号，确保整个电路装置_________和实现______控制。

3. 30 s 计数器中，为使复位信号有足够的宽度，采用___________触发器组成反馈归零电路。

二、判断题（正确的在括号内打“√”，错误的在括号内打“×”）

1. 不能用“与非”门构成 RC 振荡器。（　　）

2. RC 振荡器的振动频率通常由电容器和电阻器的参数决定。（　　）

3. 十字路口交通灯控制电路中，主控制器的状态转换由计数器控制。（　　）

4. 十字路口交通灯控制电路中，译码驱动电路的作用是根据主控制器所处的状态进行译码，再驱动相应的信号灯，指挥主、支干道车辆的通行。（　　）

5. 利用计数器和逻辑门电路可以组成不同时间的计时器。（　　）

三、选择题（将正确答案的序号填入括号中）

1. 十字路口交通灯控制电路中，主控制器的状态有（　　）种。

A. 2　　B. 3　　C. 4　　D. 5

2. 在 30 s 计数器中，个位计数器和十位计数器是（　　）工作的。

A. 同步　　B. 受同一个脉冲控制

C. 不受脉冲控制　　D. 异步

四、综合题

1. 简述十字路口交通灯控制电路中计数器的作用。

2. 画出由一个 74LS290 集成计数器组成的 5 s 计数器的电路原理图。

课题八　555 定时器及其应用电路的装配与调试

任务 1　555 定时器构成施密特触发器的装配与调试

一、填空题（将正确的答案填写在横线上）

1. 555 定时器是一种多用途的数字—模拟混合集成电路，只需外接几个电阻、电容，就可方便地构成__________、__________、__________等脉冲产生与变换电路。

2. 555 定时器内部包括两个________、一个__________、一个______、一个输出缓冲器以及一个由三个阻值为 5 kΩ 的电阻组成的分压器。

3. 555 定时器输出电平为高电平时，三极管处于______状态。

4. 施密特触发器可用于将三角波变换成______波。

二、判断题（正确的在括号内打“√”，错误的在括号内打“×”）

1. 在 555 定时器中，当基本 RS 触发器被置 1 时，输出电压 u_o 为高电平。（　　）

2. 在 555 定时器构成的施密特触发器中，回差电压 $\Delta U = U_+ - U_- = \frac{1}{3}V_{CC}$。（　　）

3. 在 555 定时器中，当 $R_D = 0$ 时，输出电压为高电平。（　　）

4. 在 555 定时器构成的施密特触发器中，回差电压是无法改变的。（　　）

5. 触发器的输出状态完全由输入信号决定。（　　）

6. 施密特触发器可以将边沿变化缓慢的周期性信号整形为矩形脉冲。（　　）

7. 施密特触发器可以对脉冲幅值进行鉴别。（　　）

8. 555 定时器的性能可靠，但成本较高。（　　）

三、选择题（将正确答案的序号填入括号中）

1. 在 555 定时器构成的施密特触发器中，回差电压由 555 定时器（　　）脚电压控制。

A. 5　　B. 6　　C. 7　　D. 2

2. 555 定时器的 R_D 端的作用是（　　）。

A. 同步置 0　　B. 异步置 0　　C. 同步置 1　　D. 异步置 1

3. 555 定时器的 3 脚是（　　）。

A. 同步输入端　　B. 异步输入端　　C. 压控输入端　　D. 输出端

4. 施密特触发器的回差电压越大，抗干扰能力越（　　），灵敏度越（　　）。

A. 弱，低　　B. 弱，高　　C. 强，低　　D. 强，高

5. 输入电压上升过程中，电路状态翻转时的输入电压称为（　　）。

A. 上触发电平　　B. 下触发电平　　C. 输入触发电平　　D. 输出触发电平

6. 输入电压下降过程中，电路状态翻转时的输入电压称为（　　）。

A. 上触发电平　　B. 下触发电平　　C. 输入触发电平　　D. 输出触发电平

四、综合题

1. 用 555 定时器构成的施密特触发电路如图 8-1-1 所示，已知电源电压为 12 V，求上触发电平 U_+、下触发电平 U_-、回差电压 ΔU。

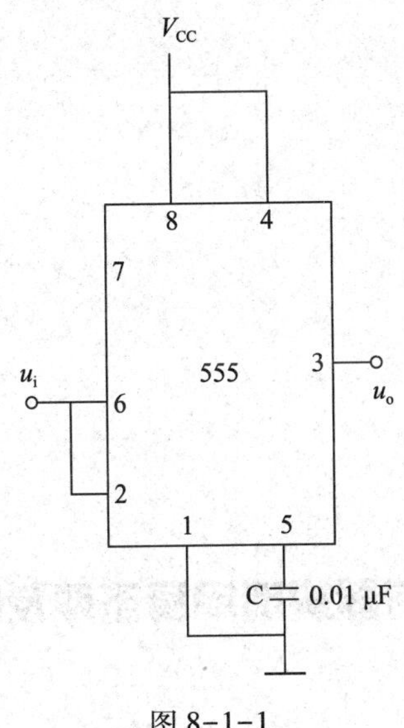

图 8-1-1

2. 用 555 定时器构成的施密特触发电路如图 8-1-2 所示，求上触发电平 U_+、下触发电平 U_-、回差电压 ΔU。

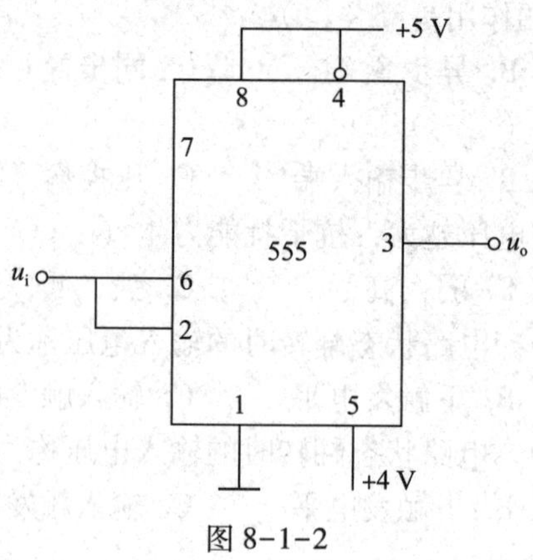

图 8-1-2

任务 2　555 定时器构成单稳态触发器的装配与调试

一、填空题（将正确的答案填写在横线上）

1. 单稳态触发器输出脉冲的频率和__________的频率相同。

2. 单稳态触发电路可以用于______控制、______控制。

3. 一般情况下，单稳态触发电路对输入触发脉冲的宽度有一定要求，它必须小于______。

4. 单稳态触发电路进入稳态后，如果一直没有触发信号，电路就一直处于输出为____电平的稳定状态。

二、判断题（正确的在括号内打“√”，错误的在括号内打“×”）

1. 单稳态触发器的工作过程有两个稳态。（　　）
2. 单稳态触发器的工作过程有一个暂稳态。（　　）
3. 单稳态触发器的输出脉冲宽度取决于暂稳态的维持时间。（　　）
4. 单稳态触发器的暂稳态维持时间与电容器充电速度有关，与电源电压无关。（　　）

三、选择题（将正确答案的序号填入括号中）

1. 用 555 定时器构成的单稳态触发器是（　　）触发。

A. 正脉冲　　B. 负脉冲　　C. 脉冲上升沿　　D. 高电平

2. 在图 8-2-1 所示的由 555 定时器构成的单稳态触发器的电路原理图中，单稳态触发器输出脉冲宽度约为（　　）。

A. $1.5RC_2$　　B. $1.1RC_2$　　C. $1.5RC_1$　　D. $1.1RC_1$

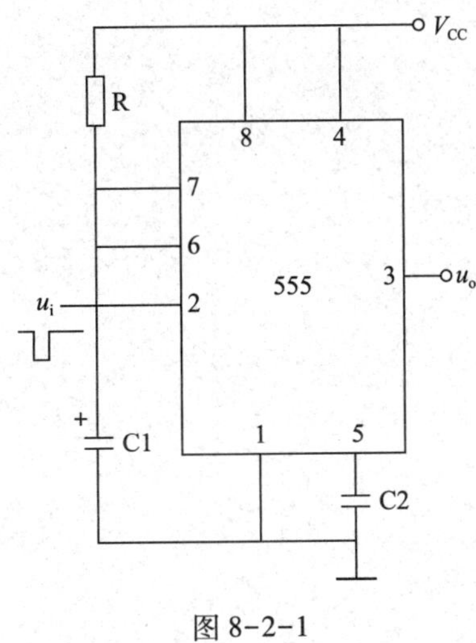

图 8-2-1

3. 由 555 定时器组成的单稳态触发器中，555 定时器的 5 脚平时不用，可通过（　　）μF 滤波电容器接地。

A. 0.01　　B. 0.1　　C. 0.05　　D. 0.5

四、综合题

由 555 定时器构成的单稳态触发器的电路原理图和输入脉冲波形图如图 8-2-2 所示，已知电源电压为 12 V，$R=20\ \text{k}\Omega$，$C_1=0.1\ \mu\text{F}$。回答以下问题：

1. 求输出脉冲宽度 t_w。
2. 根据输入脉冲波形，画出 u_{C1} 和 u_o 的波形。

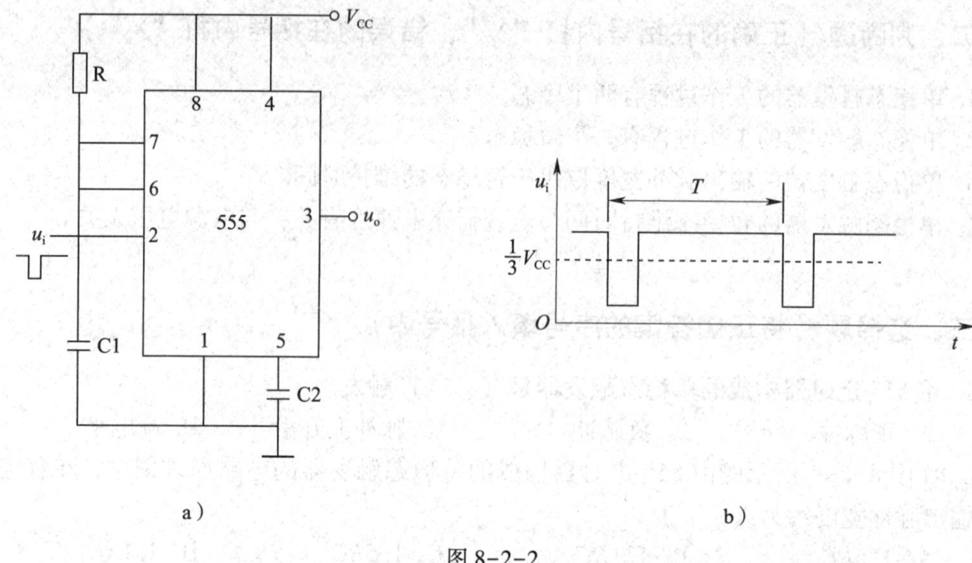

图 8-2-2

任务 3　555 定时器构成流水灯控制电路的装配与调试

一、填空题（将正确的答案填写在横线上）

1. 多谐振荡器是一种________电路，接通电源后，无须外加信号就能自动产生______波。

2. 当多谐振荡器电路处于振荡状态时，555 定时器的复位脚 $\overline{R_D}$ 应接____电平，停止振荡时，复位脚 $\overline{R_D}$ 应接____电平。

3. 多谐振荡器电路输出波形的频率与外接______和______的参数有关。

二、判断题（正确的在括号内打“√”，错误的在括号内打“×”）

1. 多谐振荡器电路中的电容充电时，输出低电平；电容放电时，输出高电平。（　　）
2. 当 CD4017 计数器的 RST 输入端接高电平时，输出 $Q_1 \sim Q_9$ 为 0。（　　）
3. 当 CD4017 计数器的$\overline{ENA}$输入端接高电平时，计数器正常计数。（　　）
4. 多谐振荡器的电源电压越大，输出矩形波的周期越大。（　　）
5. 555 定时器的电压控制脚 5 脚可以接地。（　　）

三、选择题（将正确答案的序号填入括号中）

1. 为了提高由 555 定时器组成的多谐振荡器的频率，应（　　）。

A. 同时增大 R、C 值　　B. 同时减小 R、C 值

C. 增大 R 值、减小 C 值　　D. 减小 R 值、增大 C 值

2. 已知矩形波的周期 $T=0.01$ s，则其频率 $f=$（　　）Hz。

A. 0.01　　B. 20　　C. 100　　D. 1

3. CD4017 计数器是一种（　　）进制计数器/脉冲分配器。

A. 二　　B. 五　　C. 十　　D. 十六

四、综合题

1. 图 8-3-1 所示为由 555 定时器构成的多谐振荡器的电路原理图，已知电源电压为 12 V，$C_1=0.1\ \mu F$，$R_1=43\ k\Omega$，$R_2=50\ k\Omega$。回答以下问题：

（1）求输出矩形波的振荡周期和频率。

（2）画出 u_{C1} 和 u_o 的波形。

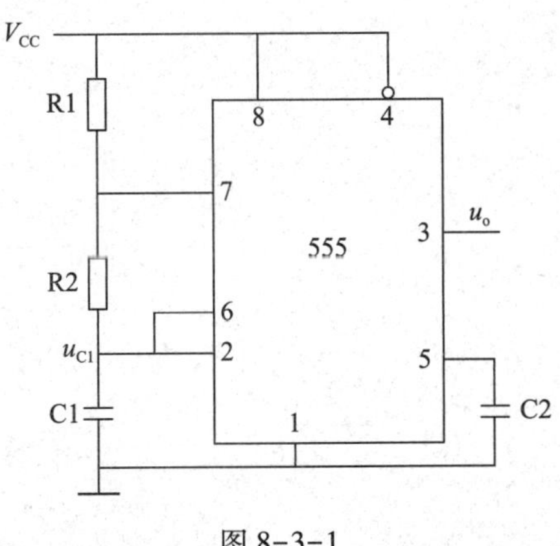

图 8-3-1

2. 图 8-3-2 所示为由 555 定时器构成的多谐振荡器的电路原理图，已知电源电压为 12 V，$C_1=C_2=0.01\ \mu F$，$R_1=R_2=10\ k\Omega$，求输出矩形波的振荡周期和频率。

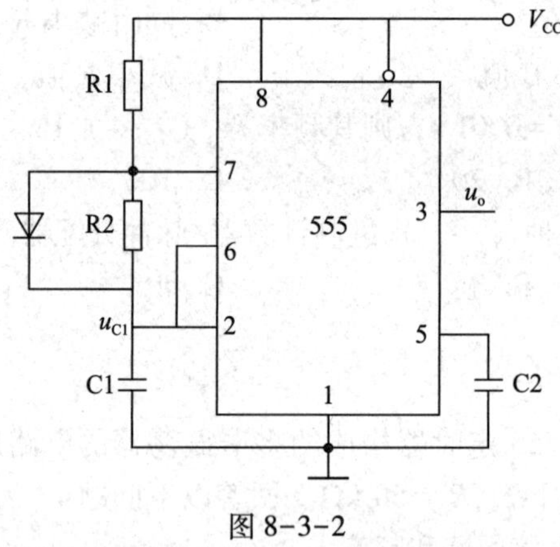

图 8-3-2